とその性質

構造	一般的名称	主な性質
$\diagup$C$=$O	カルボニル化合物	アルデヒドには還元作用がある $CH_3CHO \longrightarrow CH_3COOH$ 還元するとアルコールになる $CH_3CHO \longrightarrow CH_3CH_2OH$ シアン化水素などの付加物を作る $CH_3CHO \longrightarrow CH_3CH(OH)CN$ 酸の存在でアルコールとアセタールを作る $CH_3CHO \longrightarrow CH_3CH(OCH_2CH_3)_2$ グリニャール反応でアルコールを作る $CH_3CHO + CH_3MgI \longrightarrow (CH_3)_2CHOH$ アルドール縮合を行う $2CH_3CHO \longrightarrow CH_3CH(OH)CH_2CHO$
—N$\diagdown$	アミン	塩基性を示す $CH_3NH_2 + H_2O \longrightarrow CH_3NH_3^+ + OH^-$ 芳香族第1級アミンはジアゾ化できる $C_6H_5NH_2 \longrightarrow C_6H_5N_2^+$ ハロアルカンのハロゲンを置換する $CH_3I + CH_3NH_2 \longrightarrow (CH_3)_2NH$
—C$\diagup^O_{OH}$	カルボン酸	酸性を示す $CH_3COOH \longrightarrow CH_3COO^- + H^+$ ヒドロキシル基の置換反応を行う $CH_3COOH + CH_3OH \longrightarrow CH_3COOCH_3$
—C$\diagup^O_X$ (XはOCH$_3$, NH$_2$, Clなど)	カルボン酸誘導体	加水分解するとカルボン酸となる $CH_3COX + H_2O \longrightarrow CH_3COOH$ 酸無水物・塩化アシルはアシル化剤となる $CH_3COCl + CH_3NH_2 \longrightarrow CH_3CONHCH_3$
⬡	芳香族化合物	種々の置換反応を行う $C_6H_6 \longrightarrow C_6H_5X$ (Xはハロゲン・ニトロ・アシル・スルホ・重水素など)
—NO$_2$	ニトロ化合物	還元すると第1級アミンになる $C_6H_5NO_2 \longrightarrow C_6H_5NH_2$

ベーシック化学シリーズ 2
大木道則［編集］

入門 有機化学

大木道則［著］

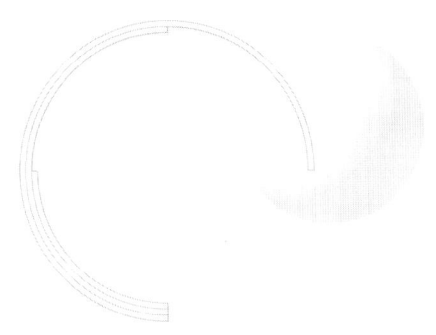

朝倉書店

〈ベーシック化学シリーズ〉
編集に当たって

　近年，大学入学生の多様化が話題になっている．高等学校における学習指導要領の中で，大幅な選択制が導入され，理科でいえば，2科目5単位で高等学校を卒業できることになったからである．その上，少子化現象のために，現在では，大学に入ろうと希望しさえすれば，どこかの大学には必ず入れるという状況になっている．

　その結果，化学の単位を習得しなくても高等学校を卒業できることとなった．そして，そのような学生でも，大学の理工系の学科に入学することが可能になったのである．生物系の学科では化学を知らない学生が増え，化学系では物理を知らない学生が増えている．そして，全員入学という状況から生まれる結果として，化学を高等学校でやらなかった化学科の学生も珍しくなく，高等学校の化学をやってきても，実はそのほとんどを忘れてしまっているという学生も増えている．そこでこれらの学生諸君に，高等学校理科の補習授業を課す大学も増えている．

　大学化学入門と呼ばれる教科書は決して少なくないが，このような状況に対応できる教科書はほとんどなく，大部分は旧来の講義型の教科書となっている，というのがわれわれの見解である．われわれは，このような状況下での大学教科書のあり方について検討したが，対応策としては，高等学校の化学の内容を大学の目でみた教科書を提供し，大学化学へのつながりをよくすることが必要との結論に達した．このようにして編集されたのが，本シリーズの教科書である．テーマとしては「無機化学」，「有機化学」，「化学熱力学」，「量子化学」を選んだ．

　著者によっていくらか考え方に差があるのをあえて統一はしなかったが，高等学校の学習指導要領に示されている内容を，大学の目でみて，新入の大学生にどのようにすれば化学の基礎をわかってもらえるかを考えて，著作・編集をしたのが本シリーズである．これで大学の化学は全部というのでなく，これから授業される大学の化学によりよく取り組むことができ，よく理解していくことを念頭に置いて執筆されている．

　本シリーズは，高等学校で化学を十分に学んだとはいえない学生に役立つ教科書であるばかりでなく，大学の専門講義を難しいと感じる学生諸君の自習用教科書としても大いに役立つことであろう．高等学校で学習した内容が，こんなことだったのかと

理解できるようになれば，今後の化学の学習にも意欲が湧いてくるに違いない．せっかく大学に入ったのに，基礎ができていなくて大学時代を結局無駄に過ごしてしまったといったことにならないよう，本シリーズの教科書をご活用いただきたいものである．

　現在の日本の大学の問題点をいくらかでも緩和できること，大学の授業に興味をもつ学生が増えること，そしてその結果，より多くの有能な人材育成に貢献できることを，われわれ著者一同は期待している．

2001年春

シリーズ編集者　大木道則

まえがき

　高校の化学を学習して大学に入った学生は，大学の化学の授業に戸惑うことが多いという．その第一は，高等学校では暗記の学問とされてきた化学が，実は考える学問であったという驚きである．大学と高校の化学のつなぎを指向する今回のシリーズで最初に何とかしなければならない点はこれだというのが，著者の発想である．この点を実現するために，本書では，以下の工夫を行った．

　まず第一は，本書の構成である．本書では，エタノールの構造決定を第1章とし，命名は，それが必要であるとわかるまで，すなわち第3章まで待って取り扱った．原子の構造から入る有機化学は筋としてはすっきりとしているかもしれないが，中学校以後化学・物理をやっていない学生には，とても無理だと思ったのがその理由である．炭化水素とその命名から入るのも無味乾燥で，ただ記憶を強要しているように思われた．これに対してエタノールは，小学校でも扱っており，中学校でも取り扱われている．これらの経験を活かし，それをもとに学習を始めることは，あまり無理がないと考えたのである．

　第二は，第一に述べたことと関連しているが，随所に囲み記事を配して，未修の用語の解説を行った点である．中学校の物理・化学の知識しかないとすると，大学化学の入門に至るまでの距離はかなり遠い．教科書の中で話を進める際にも，未修の語句などが出てくることが多いのである．囲み記事は，通常，本文の応用編的色彩が強いことが多いが，本書では，その後の学習に必要な概念や用語の整理をしていることも多いので，囲み記事も本文の一部として学習してもらいたいと考えている．

　第三は，学生自らが考える場を，徹底して追求した点である．教科書の記述は平易にしたとしても，考えることは大事にしなければならない．この2つの点を同時に満足するために，以下の方法をとった．まず，教科書の中で，思考

の順序をできるだけていねいに記述することにした．学生諸君は，その記述を読んで理解することによって，思考の順序がわかるようになるものと考えている．そして，それを確かめるために，随所に「例題」を配した．「例題」は本文に書いてある内容を実際の化合物に応用することを中心としている．そして，さらに発展が可能なように，本文中各所と章末に問題を置いて，その理解度が試せるように記述されている．

第四は，本書では，与えられた分子式から，それに可能な構造式を書くことに力点を置いたことである．原子の数が多くなってくると，ある分子式に可能な異性体の数は飛躍的に増える．著者の経験によれば，これらを間違いなく記述することは，紛れもなく，論理的な思考の養成につながる．学生諸君は，面倒くさがらずに，ぜひこれらの問題に挑戦してもらいたい．これらの問題を解くことによって，知らぬ間に，論理的思考ができるようになるはずである．

本書では，「なぜ」に答えることも重要視した．そのため，いくらか，高等学校の化学にも出ていない内容も取り上げている．その例は，いくつかの簡単な反応機構である．ベンゼンがなぜ置換反応で，付加反応にならないのかは，このレベルでもぜひ考えてほしいと思ったからである．しかし，反応機構の考察は，一般的にいうと，本書のレベルをこえるものと思う．それで，反応機構には，いくつか簡単すぎるというご批判を招く点もあろうかと思うが，このレベルの考察では，それ以上は無理だと判断した場合には，近似のレベルの記述にとどめた．それらは，いずれ本格的な有機化学を学習するときに訂正されればよいものと考えている．立体化学についても，やや高校のレベルをこえた記述を行っている．立体配座がその代表であるが，メタンが正四面体であることがわかれば，当然の延長として，シクロヘキサンまでは行くのだろうと考えたからである．

近年の学生諸君の要望に応えて，本書でも，問題の「略解と例解」が付け加えられている．学生諸君には，ぜひ，答を覚えるのではなくて，自分で答を作る努力をしていただきたい．「答」は必ずしも1つではない．そして分子式から異性体の構造へという問題では，全部を網羅しない答も用意してある．自分で別の答をみつけ，それを指導者に確かめるといった努力を，学生諸君にはお願いしたい．

天然有機化合物・生体物質・高分子物質など，通常の教科書には取り上げられている項目も，本書ではあえて割愛した．これらは，さらに上級の授業で取り上げられるはずであり，有機化学の基礎を固めることこそが，本書の目標と考えたからである．

　著者としては最大限の努力をしたつもりであるが，まだこれではわかりにくいとか，ここの思考のつながりが悪いといった点が残っているかもしれない．その際は，ぜひ忌憚なく，ご指摘をいただきたい．多くの使用者のご意見から，本書がさらに使いやすい教科書になることを願っている．

　本書を刊行するに当たっては，朝倉書店編集部の方々に大変お世話になった．あつくお礼を申し上げる．

2001年8月

大　木　道　則

目　　次

1. 有機化合物の構造の決め方 ……………………………………………………1
　1.1　元素分析　1
　1.2　実験式・分子式　3
　1.3　構　造　式　4
　1.4　窒素その他の元素分析　6

2. アルコールとエーテル ………………………………………………………10
　2.1　アルコール　10
　2.2　エーテル　19

3. 飽和炭化水素・異性体・有機化合物命名法 ……………………………23
　3.1　炭化水素の命名の基礎　23
　3.2　アルコールとエーテルの命名　27
　3.3　異　性　体　29
　3.4　アルカンの反応　33

4. 環状アルカンとアルケン──飽和化合物と不飽和化合物 ……………37
　4.1　環状アルカン　37
　4.2　アルケン　40
　4.3　アルキン　48

5. 有機ハロゲン化合物と有機金属化合物 …………………………………53
　5.1　有機ハロゲン化合物の命名と構造　53
　5.2　有機ハロゲン化合物の反応　54

6. アルデヒドとケトン……………………………………………………………66
6.1 アルデヒドとケトンの構造と命名　66
6.2 カルボニル化合物の反応　69
6.3 官能基　81

7. ア ミ ン………………………………………………………………………84
7.1 アミンの異性体と命名　84
7.2 アミンの性質　86

8. カルボン酸とその誘導体………………………………………………………93
8.1 カルボン酸の構造・命名・合成　93
8.2 カルボン酸の性質　96
8.3 カルボン酸誘導体　102
8.4 カルボン酸のカルボニル炭素の隣で起こる反応　107

9. 有機化合物の立体化学…………………………………………………………111
9.1 炭素原子のまわりの置換基の配置　111
9.2 キラル中心が2つある化合物　121
9.3 立体配座　123
9.4 炭素・炭素二重結合と二置換環状化合物の立体異性　128

10. ベンゼンの構造と反応………………………………………………………135
10.1 ベンゼンの分子式と環状構造　135
10.2 ベンゼン誘導体の命名　136
10.3 ベンゼンの反応　137
10.4 ベンゼンから生成する反応中間体　139
10.5 ベンゼン環の安定性　142
10.6 ベンゼンの構造と芳香族性の説明　145

11. 置換ベンゼン ·· 150
   11.1 一置換ベンゼンの命名　150
   11.2 一置換ベンゼンの反応性　151
   11.3 置換基の配向性　152
   11.4 置換基の配向性を利用した合成　154
   11.5 置換基の変換　155
   11.6 置換基が2個ある場合の配向性　161

12. アニリンのジアゾ化とジアゾニウム塩の反応 ················ 165
   12.1 アニリンと亜硝酸との反応　165
   12.2 ジアゾニウムイオンの反応　166

問題の略解　　　　　　　　　　　　　　　　　　　　176
索　　引　　　　　　　　　　　　　　　　　　　　　206

●コラム

最近の元素分析　2

最近の分子量測定　4

化学結合　5

実験の誤差　7

モ　ル　8

構造式の表し方　11

有機化合物の特徴　12

構造式の書き方のさらなる簡略化　15

ヒドロキシル基　17

酸化と還元　18

原子最少移動の法則　20

官能基　20

慣用名　28

エーテルの慣用名　29
パラフィン　33
石　油　34
オレフィン　44
石油精製　46
不飽和度　49
互変異性　50
原子の電気陰性度と分子の極性　56
チーグラー–ナッタの触媒　63
酸素を含む分子式の不飽和度と構造式　67
可逆反応　71
塩基性の強さと化学平衡　87
混融試験　90
水素結合と沸点　95
同位体　98
化学平衡の移動　100
旋光性　114
立体化学　129
脂肪族と芳香族　144
共役と共鳴　147
脂肪族と芳香族アミンのジアゾ化　166
アゾ染料とアゾ化合物　172

1. 有機化合物の構造の決め方

　エタノールは，昔「酒精」と呼ばれた．発酵してできた酒の有効成分がエタノールだったからである．したがって，エタノールは代表的な有機化合物の1つである．小学校では，エタノールを燃やすと，二酸化炭素と水ができることを学習した．中学校で学習した「化学反応では原子が保存すること」を，この反応に適用すると，エタノールの中には，炭素原子と水素原子が含まれているに違いない．このエタノールの中で，炭素原子や水素原子がどのようにつながって分子を作っているのだろうか．また，エタノールの中には，炭素・水素以外の原子も含まれているのだろうか．もしそうだとすると，その原子も含めて，エタノール分子中での原子のつながりはどうなっているのか調べてみよう．

1.1 元 素 分 析

　有機化合物分子の中の原子のつながり方（構造という）の決定には，まず，元素分析という手段に頼る．これは，有機化合物を酸素中で燃焼させて，生成する水と二酸化炭素の量を，それぞれ，塩化カルシウムと水酸化カリウムなどに吸収させて，測定するのである．燃焼して得た二酸化炭素や水の量から，もとあった炭素や水素の量を決定することができる．

　例題1.1　測定された水中に含まれる水素原子の質量はいかほどか．
　［解答］　水を作る水素原子の質量は1個あたり1とすると，酸素原子のそれは16である（これは原子量に相当する．正確な原子量の定義については，ほ

最近の元素分析

最近でも，有機化合物の元素分析はここで説明するような方法で行われることもあるが，炭素・水素・窒素の元素分析は，ガスクロマトグラフと呼ばれる装置で行われることが多い．この方法では，有機化合物が燃焼して生成する二酸化炭素・水・窒素（実際には酸化窒素もできるので還元してから定量する）を，ヘリウムを流しながら，クロマトグラフ法で分析を行う．

図1.1 ガスクロマトグラフィ（写真提供：(株) 日立製作所）
左の装置内部に燃焼室がある．

かで学習する．裏見返し周期表参照）．水分子はH_2Oであるから，生成した水の18分の2つまり1/9が水素であることになる．

問題1.1 二酸化炭素(CO_2)中の炭素の割合を計算せよ．ただし，炭素原子の相対質量（原子量）は12である．

有機化合物の中にはこのほかにもいろいろな原子が含まれている可能性があるが，それらは，後に示すように，いろいろな方法でその含量が決定される（元素分析）．しかし，有機化合物の中に酸素原子が含まれているかどうかを決定するのはなかなか難しい．そこで，いろいろな方法で元素（原子の種類）を探索し，それらの定量分析を行っても，すべての原子の質量の和が，もとの分子の質量にならないことは，しばしば起こりうることである．このような場合，有機化学では，それは，酸素が含まれていたからだと考える．

例題 1.2 エタノール 46.0 g を酸素中で燃焼させたところ，水 54.0 g と二酸化炭素 88.0 g とが得られた．エタノール 46.0 g 中に含まれる炭素原子と水素原子の量はいかほどか．また，酸素原子が含まれるとすれば，その量はいかほどか．

［解答］　水 54.0 g に含まれる水素の量は

$$54.0 (\mathrm{g}) \times \frac{1}{9} = 6.0 (\mathrm{g})$$

二酸化炭素 88.0 g に含まれる炭素の量は

$$88.0 (\mathrm{g}) \times \frac{12}{44} = 24.0 (\mathrm{g})$$

エタノールには，このほかの原子は検出されないので，残りは酸素原子の質量であると考える．よって，酸素原子の質量は 16.0 g である．■

1.2　実験式・分子式

このようにして原子の種類と相対的な質量が決まると，次に行われるのは，エタノール分子の中に含まれている，それぞれの原子数の割合を決定することである．そこで，上に得られた各原子の質量を，それぞれの原子の相対的質量，つまり原子量（裏見返し周期表参照）で割算をする．

その結果，水素は $6.0 \div 1.0 = 6.0$
　　　　　炭素は $24.0 \div 12.0 = 2.0$
　　　　　酸素は $16.0 \div 16.0 = 1.0$

実際には，端数の原子が分子中に存在することはないから，エタノール中には，炭素原子・水素原子・酸素原子が 2：6：1 の割合で存在することになる．しかし，このことは，エタノール分子が，炭素原子 2，水素原子 6，酸素原子 1 を含むことをただちに示すわけではない．元素分析の結果は，原子の存在割合が，2：6：1 であることを示すだけであって，$n(\mathrm{C_2H_6O})$ の化合物ならば，どれでも上の実験結果を満足するのである．元素分析の結果得られる，分子内の原子の割合を示す式を，**実験式**という．

最近の分子量測定

分子量測定には種々の方法が用いられるが,最近では質量分析器と呼ばれる装置を用いることが多い.この装置は,分子をイオン化して,磁場の中を通すと,その粒子の質量によって,進行方向の曲がる率が異なることを利用したものである.

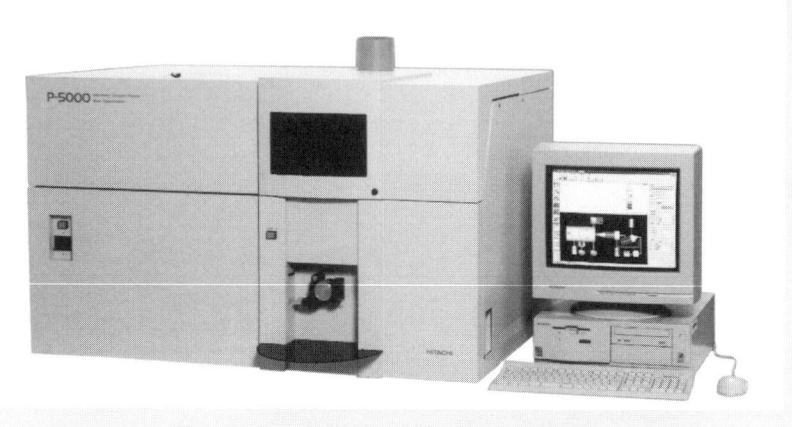

図 1.2 質量分析計(写真提供:(株)日立製作所)

問題 1.2 $C_2H_4O_2$ の分子と,CH_2O の分子では,同じ実験結果が得られることを計算で確かめよ.

エタノールの分子が,実際にいくつの原子でできているのかは,その分子の相対的な質量(分子量,その正確な定義については後で学習する)を知ることによって,決定することができる.エタノールの分子量を測定したところ,46という数値が得られた.こうすると,$n(C_2H_6O)$ の n は1でなければならない.このことから,エタノール分子を表す原子組成は C_2H_6O であるということになる.このように分子を作る原子の種類と数とを表す式を**分子式**という.エタノールでは,たまたま,実験式と分子式が一致していたということである.

1.3 構 造 式

エタノールの分子式が決まると,次には,エタノール分子の中で,それら

化学結合

原子は，実在する物質の中では，ほかの原子と結びつけられている．この結びつきを，化学結合または単に結合という．結合には3つの種類があるといわれる．1つは金属を作る，金属原子同士の結合であり，第2は，食塩などにみられるイオンが結合したもの，第3は有機物質にみられる2つの原子が2つの電子を共有してできる結合である．これらの結合は，それぞれ，金属結合，イオン結合，共有結合と呼ばれる．共有結合の特徴は，周期表（裏見返し参照）で，右上にある元素の原子間にできることが多い．炭素は，共有結合を作る典型的な原子である．水素は，周期表上左上に置かれることが多いが，実際は，水素は陽イオンにもなるが陰イオンにもなるという性質をもっていて，周期表の最上部真中辺に置くべき元素である．水素は電子1個だけをもった原子で，共有結合を1個しか作ることができない．これに対して，炭素は，共有結合を作るための電子を4個もっていて，4本の共有結合を作ることができる．このような事実を，水素は1価であり，炭素は4価であるという．

H:H　　　　　H:C:H の図（H が上下にも）

水素原子同士の共有結合　　　炭素と水素の共有結合

（結合に参加している電子を点で表す）

このほか，有機化合物にしばしば見出される原子としては，酸素，窒素，硫黄，塩素などがあるが，これらは，それぞれ2価，3価，2価，1価である．

共有結合をいつも電子2個で表すのは煩雑であるので，通常，これを1本の直線で表すことにしている．これを価標という．

有機化合物は，上にも述べたように，共有結合でできているところが特徴である．原子には結合できる数が決まっているので，それらが満たされると，分子となる．それで，有機化合物は分子でできているという特徴ももっていることになる．有機化合物が，無機化合物に比べて，一般に沸点が低く，融点も低いのはそのためである．

の原子がどのように結合しているかを決めなければならない．炭素は原子価が4であり，水素の原子価は1，酸素のそれは2であるから，それに矛盾しないような原子のつなぎ方（構造）を探ってみるのである．すると，C_2H_6O には，次の2つの可能性があることがわかる．

$$\begin{array}{c} \text{H} \quad \text{H} \\ | \quad | \\ \text{H}-\text{C}-\text{C}-\text{O}-\text{H} \\ | \quad | \\ \text{H} \quad \text{H} \end{array} \quad \text{または} \quad \begin{array}{c} \text{H} \quad \text{H} \\ | \quad | \\ \text{H}-\text{C}-\text{C}-\text{O}-\text{H} \\ | \quad | \\ \text{H} \quad \text{H} \end{array}$$

このどちらの式がエタノールの構造を示す式（**構造式**）であるかは，昔は，化学反応を利用して決めた．そのとき注目されたのが，左の式ではOHという原子団があるが，右の式にはないという点である．水はHOHという構造をもっている．もしエタノールが左の構造式に当たるなら，水とよく似た反応をする可能性がある．水に金属ナトリウムを加えると激しく反応して水素が発生することがわかっているから，エタノールに金属ナトリウムを加えてみたらどうだろう．結果は，水ほどではないが，エタノールもナトリウムと反応して，水素を発生する．それで，エタノールの構造式は左に書いたものであることがわかる．

1.4 窒素その他の元素分析

窒素の元素分析では，質量ではなく，気体窒素としての体積が，実験結果として得られる．この場合は，気体の体積から，窒素の質量を求める計算をしなければならない．窒素の気体22.4 L（0℃，1気圧）は28.0 gの質量をもっていることがわかっている．これを用いて計算してみよう．

例題1.3 0℃，1気圧で5.0 mLの窒素は何グラムの質量をもつか．
［解答］ 窒素22.4 Lが28.0 gであるから，窒素22400 mLが28.0 gである．したがって窒素5.0 mLの質量は

$$\frac{28.0(\text{g}) \times 5.0}{22400} = 6.25 (\text{mg})$$

例題1.4 分子量59.0の物質59.0 mgを燃焼させたところ，0℃，1気圧で窒素11.2 mLが得られた．この化合物の分子中には何個の窒素原子が含まれているか．

［解答］ 59.0 mgの物質を燃焼させて11.2 mLの窒素が得られたのだから，

59.0 gの物質を燃焼させれば11.2 Lの窒素が得られるはず．したがって，この物質1分子には窒素分子の半分が含まれている．窒素分子は，窒素原子2個でできているから，この分子に含まれる窒素原子は1個である ∎

　ハロゲン（フッ素・塩素・臭素・ヨウ素）が有機化合物に含まれていることも多い．ハロゲン（フッ素を除く）は銀との化合物が水に溶けにくいので，有機化合物を硝酸で酸化し，ハロゲン化銀として定量する．この時，必要な原子量としては，銀108，塩素35.5，臭素80.0などが知られている．詳しいことについては，裏見返しの周期表から，必要な原子をみつけ出し，原子量をみてほしい．

> **実験の誤差**
> 　実験に誤差はつきものである．これまで使用してきた原子量は，裏見返しにある元素の周期表にみられる原子量とは違うことに気づいたであろう．元素分析にも誤差がある．したがって，原子量が少し違っていたとしても，それが計算結果に重要な問題を引き起こすことは少ないのである．同様にして，これからやっていく計算結果は，原子の数について，かならずしもきっちりとした整数関係を与えないかもしれない．そのときでも，1個の分子の中にある原子の数が半端ということはないのだから，最も近い整数にすることが肝要である．

例題1.5　塩化銀100 g中に含まれる塩素の量はいかほどか．
［解答］　塩化銀の式量（分子量に当たるもの）は143.5である．そのうち，塩素は35.5を占めるから，塩素の割合は35.5/143.5．よって，塩素の量は

$$100\,(\text{g}) \times \frac{35.5}{143.5} = 24.7\,(\text{g})$$

∎

例題1.6　ある物質3.452 mgについて元素分析を行った結果，二酸化炭素8.100 mg，水1.368 mg，塩化銀1.091 mgの結果が得られた．この物質の実験式および分子式を求めよ．ただし，この化合物の分子量は113であった．
［解答］　実験の結果から，各原子の質量は次のように求められる．
炭素　　$8.100\,(\text{mg}) \times 12/44 = 2.209\,(\text{mg})$
水素　　$1.368\,(\text{mg}) \times 2/18 = 0.152\,(\text{mg})$

塩素　　4.406(mg)×35.5/143.5＝1.091(mg)

これらの質量を，それぞれの原子量で割ると次の値が得られる．C＝0.184，H＝0.152，Cl＝0.031．分子内の原子の数は整数でなければならないから，これらの数値のうち，一番小さい塩素の数値でほかの原子の数値を割る．すると，炭素：水素：塩素は大体6：5：1になっていることがわかる．それで，この物質の実験式はC_6H_5Clであり，これらの原子量を足し合わせると112.5となるので，分子式もC_6H_5Clであることがわかる．

有機化合物には，硫黄原子が含まれていることも多い．このような場合には，有機化合物を硝酸で酸化して，硫酸とし，硫酸のバリウム塩が水に溶けにくいことを利用して，硫酸バリウムとして定量する．硫酸バリウムの化学式は$BaSO_4$である．原子量は，硫黄32，バリウム137である．

> **モル**
> 　原子は非常に小さいものであるから，それら1個1個の質量を量ることは，とてもできない．それで，化学では，$6×10^{23}$個の原子を用いて，その質量を表すことにしている．原子のほか，分子や電子などの粒子でも，この数だけ集まると，その質量は測定可能なものとなる．正確な定義はほかの場所で学習するが，これだけの粒子の集団を1モル（mol）という．気体の物質では，0℃，1気圧の体積が22.4 Lあれば1モルであることがわかっている．
> 　化学反応式は，分子の中でのつながりの変化を表すものであるが，同時に，ある分子がほかの分子何個と反応するのかを表したり，それらの粒子が何モルずつ反応しているのかも表す．例えば，水素が燃焼して水ができる式は，水素2分子と酸素1分子が反応して水2分子ができることを示すとともに，水素2モルが酸素1モルと反応して水2モルができることも示す．
> 　原子量や分子量は，1モルの原子または分子の質量から，単位となるグラムを除去したものだと考えることができる．今後の学習では，このモル単位をしばしば利用するので，よく理解しておくことが必要である．

例題1.7　硫酸バリウム10.0 gの中には，硫黄原子何グラムが含まれているか．

　［解答］　上記の原子量を用いると，硫酸バリウムの式量は233．よって，硫黄の質量は

$$10.0 \times \frac{32}{233} = 1.37 \,(\mathrm{g})$$

　本章では，有機化合物の構造をどのようにして決めるかを学習した．しかし，有機化合物の中には，複雑な構造をしたものも多いから，本章で示したように簡単な手段で構造が決まることはむしろ珍しい．しかし，本章の内容がしっかりと理解できていれば，元素分析の結果から，その元素組成がわかるようになったはずである．以下の問題をやって，力を試してみよう．

章 末 問 題

1.1 次にあげる物質それぞれの元素分析および分子量測定を行ったところ，それぞれに示すような結果が得られた．ただし，窒素の体積は0℃，1気圧の値である．それぞれの物質の実験式および分子式を求めよ．裏見返しの元素の周期表から原子量をみつけて用いてもよい．

a) 酸化した物質の質量3.452 mg，二酸化炭素6.602 mg，水4.051 mg，分子量46．
b) 酸化した物質の質量2.750 mg，二酸化炭素4.030 mg，水1.640 mg，分子量61．
c) 酸化した物質の質量4.253 mg，二酸化炭素7.635 mg，水1.040 mg，塩化銀8.280 mg，分子量150．
d) 酸化した物質の質量3.092 mg，二酸化炭素10.410 mg，水1.774 mg，分子量152．
e) 酸化した物質の質量4.223 mg，二酸化炭素6.208 mg，水2.540 mg，分子量182．
f) 酸化した物質の質量3.304 mg，二酸化炭素5.101 mg，水1.941 mg，分子量335．
g) 酸化した物質の質量3.872 mg，二酸化炭素10.090 mg，水2.331 mg，窒素0.502 mL，分子量135．
h) 酸化した物質の質量3.758 mg，二酸化炭素6.318 mg，水1.512 mg，窒素0.417 mL，硫酸バリウム5.577 mg，分子量155．
i) 酸化した物質の質量3.566 mg，二酸化炭素7.392 mg，水1.892 mg，硫酸バリウム9.800 mg，分子量171．
j) 酸化した物質の質量5.204 mg，二酸化炭素2.440 mg，水0.981 mg，臭化銀10.410 mg，分子量190．

1.2 次の分子式をもつ化合物に考えられる構造式を書いてみよ．ただし，炭素は4価，水素は1価，酸素は2価，硫黄は2価，ハロゲンは1価である．

a) CH_4O　　　　b) CH_3Cl　　　　c) CH_4S
d) C_2H_6　　　　e) $C_2H_4Cl_2$　　　f) C_2H_6S

2. アルコールとエーテル

　第1章では，エタノールの構造を決めることができた．そのとき，エタノールの反応性が水と類似していることを利用した．エタノールはこのほか，どのような反応をするのだろう．第1章で出てきたもう1つの化合物の反応性も調べて比較することにしよう．

　エタノールに金属ナトリウムを加えると，盛んに水素の泡が発生する．この変化を化学反応式で表すと，次のように書ける（式1）．この反応が，水とナトリウムの反応（式2）によく似ていることがわかるであろう．

$$2\,CH_3CH_2OH + 2\,Na \longrightarrow H_2 + 2\,NaOCH_2CH_3 \quad (式1)$$

$$2\,HOH + 2\,Na \longrightarrow H_2 + 2\,NaOH \quad (式2)$$

2.1 アルコール

2.1.1 アルコールの種類と構造

　炭素原子はいくつでもつながることができるという特徴をもっている．それで，エタノールと同じように，炭素と水素との原子集団に，酸素と水素からできた原子集団がつながった化合物も多数存在する．このような化合物を**アルコール**という．次にあげる3種のアルコールを取り上げてみよう．

構造式の表し方

第1章では，エタノールの構造式として，下の (A) に示すように，炭素・水素が作るすべての結合を価標で表す方式を採用した．しかし，これから有機化学を学習していく中で，いつもこれらの価標を全部書くというのは面倒であるし，大きなスペースも必要である．それで，今後は，下に示すように，(B) の部分構造を (C) のように簡略化し，(D) の部分を (E) のように表すことにしよう．このように (C) の簡略式を用いても，(B) 以外の部分構造は書けないし，同じく，(E) の構造では，(D) 以外の部分構造を書くことができないから，このように書いても曖昧さが残ることはない．すると，エタノールの構造式は (F) のように書けることになる．さらに，(F) の構造でも，炭素・炭素あるいは炭素・酸素をつなぐ結合の価標，酸素・水素をつなぐ結合の価標を省略しても，曖昧さは残らない．それで，エタノールの構造式は，最も簡単には，(G) を用いて表すことができる．今後は，(F) または (G) の構造式を用いることにしよう．

(A)	(B)	(C)	(D)

CH$_2$ (E)   CH$_3$—CH$_2$—O—H (F)   CH$_3$CH$_2$OH (G)

CH$_3$OH   CH$_3$CH$_2$CH$_2$OH   CH$_3$CH$_2$CH$_2$CH$_2$OH

(H)   (J)   (K)

問題 2.1 化合物 (H), (J), (K) の構造を，すべての結合を価標を用いて示す式に書き改めよ．

問題 2.2 化合物 (H), (J), (K) が金属ナトリウムと反応するときの化学反応式を，式1および式2にならって書け．

(H), (J), (K) の化合物では, OHがすべて炭素の鎖の末端についているが, 末端の炭素でなければ, 酸素と水素の原子団OHが結合できないというわけではない. 炭素原子がつながった炭素鎖の中途にある炭素原子にも, OHの原子団がつながった化合物も知られている. その例を (L), (M) で示す.

$$\underset{(L)}{\underset{|}{\underset{OH}{CH_3CHCH_3}}} \qquad \underset{(M)}{\underset{|}{\underset{OH}{CH_3CH_2CHCH_3}}}$$

有機化合物の特徴

有機化合物の特徴としては, 燃えることそして分子からできていることを知っているが, このほかにも, 有機化合物にはいろいろな特徴がある.「水と油は混じらない」とは社会生活でもよく出てくる言葉である. しかし, これには例外もある. 例えば, エタノールはよく水に溶ける. 有機化合物を原子・分子の立場からみた特徴は, 燃やすと二酸化炭素と水ができることからわかるように, 有機化合物は, 必ず炭素原子を含んでいる. 炭素原子は, いろいろな原子と結合できるだけでなく, 炭素原子同士でも, いくつでもつながることができる. これは, 窒素や酸素原子のつながりと比べてみるとはっきりする. これらの原子は, それぞれ, 6個および4個以上つながると, 室温で分解してしまう. 炭素原子はいくらでもつながることができるために, 有機化合物には現在1500万種に近い化合物が知られている. ほかの元素で, これほど多くの化合物を作れるものはない.

図 2.1 水と油
これだけが有機化合物の特徴か？

炭素と炭素とはいくらでもつながれるのだから，次に（N）で示すような化合物も可能なはずである．

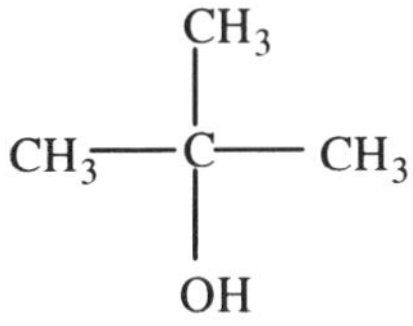

$$\begin{array}{c} \text{CH}_3 \\ | \\ \text{CH}_3 - \text{C} - \text{CH}_3 \\ | \\ \text{OH} \end{array}$$

(N)

(L)，(M)，(N)で示した化合物は，いずれも，エタノールとよく似た性質を示し，金属ナトリウムを加えると反応して，水素を発生する．

問題2.3 (L)，(M)，(N)の，結合の価標を全部示した構造式を書け．

問題2.4 (L)，(M)，(N)の金属ナトリウムとの反応を示す反応式を書け．

ところで，エタノールおよび(H)，(J)，(K)のアルコールと，(L)，(M)のアルコール，それに(N)のアルコールには少しの差があることに気づく．それは，OHがついた炭素原子に結合している水素原子の数である．エタノールおよび(H)，(J)，(K)のアルコールではOHの原子団がついている炭素原子に水素原子が2個または3個結合しているのに対し，(L)と(M)のアルコールでは，OHがついた炭素原子には水素原子が1個しかない．さらに(N)のアルコールでは，OHがついた炭素原子にはまったく水素原子がない．このような区別が必要なときには，OHがついた炭素原子に水素原子が2個以上あるものを第1級のアルコール，水素原子が1個だけあるものを第2級のアルコール，水素原子がまったくないものを第3級のアルコールという．このような区別がなぜ必要かは，アルコールのほかの反応性を調べてみるとわかる．

問題2.5 次のアルコールが第1級，第2級，第3級のどれに当たるか決めてみよ．

$$\begin{array}{ccc}
\text{CH}_3 & \text{CH}_3 & \text{H}_2\text{C} \\
| & | & / \ \ \ \\
\text{CH}_3\text{CCH}_2\text{CH}_3 & \text{CH}_3\text{CCH}_2\text{OH} & \text{H}_2\text{C}\!-\!\text{CHOH} \\
| & | & \\
\text{OH} & \text{CH}_3 & \\
(\text{P}) & (\text{Q}) & (\text{R})
\end{array}$$

2.1.2 アルコールの反応

アルコールは，金属ナトリウム以外にも，カリウムやマグネシウムなど，いろいろな金属と反応する．アルコールは，金属としか反応しないのだろうか．

問題2.6 エタノールがマグネシウムと反応する式を書け．ただし，マグネシウムは2価である．

a. アルコールと酸との反応

アルコールは，うすい酸とは反応しないが，濃い酸を使うといろいろな反応を行う．その典型的な例が，ヨウ化水素酸との反応である．エタノールをヨウ化水素酸と加熱すると，容易に，水に溶けにくい化合物に変わる．この化合物の元素分析と分子量測定をすると，この分子には，炭素原子が2個，水素原子が5個，ヨウ素原子が1個含まれていることがわかる．

$$\text{CH}_3\text{CH}_2\text{OH} + \text{HI} \longrightarrow \text{CH}_3\text{CH}_2\text{I} + \text{H}_2\text{O}$$

このように，有機化合物の反応では，炭素と水素だけでできている原子団は変化しないで，ほかの部分だけが変化することが多い．このことを根拠にして，次の問題をやってみよう．

例題2.1 化合物（L）にヨウ化水素を作用させたときの生成物は何か．

［解答］ アルコールとヨウ化水素との反応は，OHの原子団がヨウ素Iに変わるだけであるから，その生成物は $\text{CH}_3\text{CH}(\text{I})\text{CH}_3$ である．

問題2.7 化合物（K）にヨウ化水素酸を作用させたときに生成が予想される化合物の構造式を書け．

構造式の書き方のさらなる簡略化

化合物 (L), (M), (N) などは，エタノールや化合物 (J), (K) などと違って，1列に構造式が書けない例である．このような構造式を書くには大きなスペースが必要である．そこで，スペースを節約したいときには，問題となる原子または原子団を ( ) にくくって，結合している炭素原子の次に置くことにする．

例：CH$_3$CH(OH)CH$_3$ 　　(L) の省略形
　　CH$_3$CH$_2$CH(OH)CH$_3$ 　(M) の省略形

例題2.1の解答で書いたCH$_3$CH(I)CH$_3$もその省略形である．

同様にして，炭素鎖の途中の炭素に1個または2個のCH$_3$原子団がついているときには，CH$_3$を ( ) でくくって炭素原子の後につけることもできる．ただし，CH$_3$のついている炭素原子が鎖の左端にあるときには，( ) に入れた原子団をその炭素よりも左に書く．

例：(CH$_3$)$_2$CHOH 　　(L) のもう1つの省略形
　　(CH$_3$)$_3$COH 　　(N) の省略形

ヨウ化水素酸は，ハロゲン化水素酸と呼ばれる酸の1種である（周期表参照）．フッ素，塩素，臭素，ヨウ素などハロゲンと水素との化合物がハロゲン化水素である．このうちの塩化水素はその溶液を塩酸と呼び，小学校以来，お馴染みの酸である．ハロゲン化水素を水に溶かしたハロゲン化水素酸では，周期表で上の方になるほど，その酸の，アルコールとの反応が遅くなる．例えば，臭化水素酸がエタノールと反応してCH$_3$CH$_2$Brの化合物を作る速度は，ヨウ化水素よりかなり遅く，塩化水素の水溶液（濃塩酸）は，実際上反応しない．

エタノールと同じように，ほかの第1級アルコールも，濃塩酸と反応することはない．しかし，アルコールが，第2級，第3級となるにつれ，アルコールが酸と反応する速さが大きくなる．例えば，第3級アルコール (N) は，濃塩酸と室温でも容易に反応して，OHの原子団がClに変わった化合物を与える．このように，アルコールの反応性は，そのアルコールが第1級か，第2級か，第3級かによって変わる．

$$(CH_3)_3COH + HCl \longrightarrow (CH_3)_3CCl + H_2O$$

問題2.8 例題にならって，化合物（P）が濃塩酸と反応する式を書け．
問題2.9 化合物（M）がヨウ化水素酸と反応する式を書け．

硫酸とエタノールとを混ぜただけでは，特別な反応が起こったようにはみえない．しかし，これを180℃位に加熱すると，反応が起こって気体が発生する．この気体は，分子式C_2H_4をもつ化合物でエテン（エチレン）と呼ばれる．この化合物は，エタノールから，水が失われた化合物である．この種の化合物については，第4章で学習する．

$$CH_3CH_2OH \xrightarrow{H_2SO_4} C_2H_4 + H_2O$$

このとき，硫酸は，反応式の右にも左にも出てこない．それは，硫酸は直接反応の出発物でもなく，生成物でもないが，この反応を速める役割をしているのである．このような物質のことを，**触媒**という．触媒は，反応式の矢印の上に小さく書いてある．

問題2.10 化合物（M）に硫酸を作用させて得られる物質の分子式を書け．

b. アルコールのヒドロキシル基をハロゲンに変える反応

前節で述べたように，第1級アルコールのOHを塩酸を用いてClに変えることは比較的困難である．しかし，無機酸の塩化物を用いると比較的円滑にその反応は進行する．無機酸の塩化物とは，PCl_3（三塩化リン），PCl_5（五塩化リン），$SOCl_2$（塩化チオニル）などである．これらは，亜リン酸，リン酸，亜硫酸の塩化物と考えられている．これらの酸については，無機化学で学習する．これらの塩化物との反応を，次に反応式で示す．

$$3\,CH_3CH_2OH + PCl_3 \longrightarrow 3\,CH_3CH_2Cl + P(OH)_3$$

$$2\,CH_3CH_2OH + PCl_5 \longrightarrow 2\,CH_3CH_2Cl + POCl_3$$

$$CH_3CH_2OH + SOCl_2 \longrightarrow CH_3CH_2Cl + SO_2 + HCl$$

ヒドロキシル基

　これまで，有機化合物の反応では，いくつかの原子からできた集団が，まとまって離れたり付け加わったりすることがあることをみてきた．それで，これらの原子団には名前をつけておいた方が便利である．このようなとき，その名前のことを基名という．ここでいう基は原子団という意味であるが，それだけで分子を作るのではなく，他の原子または基（原子団）と結合して分子を作る．
　ヒドロキシル基は，水素原子・酸素原子が1個ずつで作る基のことである．アルコールはヒドロキシル基を持つ化合物ということもできる．このほか，有機化合物には様々な基があるが，それらについては，今後学習する．

　この反応は，臭素の化合物を作るときにも応用することができる．例えば，エタノールにPBr_3（三臭化リン）を作用させると，臭素を含んだ化合物ができる．

$$3\,CH_3CH_2OH + PBr_3 \longrightarrow 3\,CH_3CH_2Br + P(OH)_3$$

問題 2.11　化合物（L）に三塩化リンを反応させたときの反応式を書け．
問題 2.12　化合物（K）に三臭化リンを反応させたときの反応式を書け．

c. アルコールの酸化

　有機化学では，しばしば，もとの化合物の分子式に比べて，水素が2原子少なくなる反応が起こる．このような反応を**酸化**という．逆に，水素原子が多くなる変化は**還元**と呼ばれる．
　アルコールに，三酸化クロムのような酸化剤（酸化する物質）を作用させると，水素が2個少ない化合物ができる．このようなとき，酸化剤の方は変化が複雑なので，有機化学では，酸化剤の方の変化は反応式に書かないことが多い．このとき，注目する反応物を左辺に，注目する生成物を右辺に書くだけにとどめる．そこで，酸化が起こっていることを示すために，反応式の矢印の上に［O］の印をつけることが多い．エタノールを例にとると，次のような式が書ける．

$$CH_3CH_2OH \xrightarrow{[O]} C_2H_4O$$

> **酸化と還元**
>
> 　中学校の段階では，酸化とは酸素と化合する反応であり，還元とは酸化物から酸素がとれる反応であることを学んだ．ここでいう有機化合物の酸化・還元は，中学校で学習したことと何の関係もないのだろうか．実は，どちらの場合にも，原子を作っている電子に注目すると，酸化は電子が少なくなることであり，還元とは，電子の数が多くなることである．このことは，今後学習する専門の無機化学や有機化学で取り扱われることになるはずである．
>
> 　化学反応では，原子がなくなったり新しくできたりすることがないが，それと同様に電子も少なくなったり多くなったりすることはない．したがって，反応している物質全体（これを系という）でみれば，電子を失うものがあれば，電子を獲得するものがあるはずである．電子を獲得するものを酸化剤，電子を失うものを還元剤という．

　このとき，エタノールから失われた水素は，酸素と化合して水になっているのだが，有機化学では，その水も書かないのが普通である．ここにできたような化合物を，一般に**アルデヒド**という．アルデヒドについては，第6章で学習する．アルデヒドとは，アルコールから水素が脱落した（デヒドロ）という意味である．

　エタノールの場合には，酸化によってアルデヒドができるが，このアルデヒドはさらに酸化を受けやすい．そして，エタノールからは，結局，次の式に示す$C_2H_4O_2$の化合物ができる．これは，エタン酸（酢酸）と呼ばれる化合物で，酢の酸味の原因になっている物質である．エタン酸については，さらに第8章で学習する．エタノールだけでなく，第1級のアルコールは，すべて，水素を2個失った後，酸素が1原子増加した化合物になる．これらはすべて，カルボン酸と呼ばれる（第8章）．

$$CH_3CH_2OH \xrightarrow{[O]} C_2H_4O \xrightarrow{[O]} C_2H_4O_2$$

第2級のアルコールも，酸化剤を作用させると，水素が2原子少なくなった物質を与える．しかし，今回は，アルデヒドと違って，それ以上の酸化が進みにくい．それで，同じアルコールから出発しても，酸化されやすいアルデヒドと，ここで得られる化合物のように酸化されにくいものがあることになる．この後者を，アルデヒドと区別するときには，ケトンという．ケトンについては，第6章で学習する．

問題 2.13 化合物（L）を酸化したときの化学反応式を書け．ただし生成物は分子式だけでよい．

第3級のアルコールは，非常に酸化を受けにくい．強い条件にしないかぎり，第3級アルコールと酸化剤を混ぜても，第3級アルコールは回収される．

2.2 エーテル

2.2.1 エーテルの構造

第1章で，同じ C_2H_6O の分子式をもつけれども，エタノールとは異なる構造式が書ける物質があることがわかった．この化合物によく似た物質が，エタノールと酸との反応で得られる．前節では，エタノールと硫酸との混合物を180℃に加熱するとエテンが発生することを述べたが，この混合物をもう少し低い温度（140℃）で加熱すると，分子式 $C_4H_{10}O$ の化合物が得られる．この化合物はジエチルエーテルと呼ばれる化合物である．

$$2\ CH_3CH_2OH \longrightarrow C_4H_{10}O$$

この分子式に適合する構造式は，7種書ける．そのうちの3種類を下に示す．

$CH_3CH_2OCH_2CH_3$　　　　$CH_3OCH_2CH_2CH_3$　　　　$CH_3OCH(CH_3)_2$

問題 2.14 ここに示した以外の化合物で，同じ分子式をもつ化合物はすべ

> **原子最少移動の法則**
>
> 　有機化合物の構造を決定する際に，しばしば「原子最少移動の法則」を使用する．この法則は，その言葉が示すように，「化学反応に際して，分子を作っている原子がバラバラになってしまってから組替えが起こるということはなく，生成する分子を作るのに必要なところだけの結合の組替えが起こる」というものである．例えば，この法則が成立しないとすると，ジエチルエーテルからC_2H_5Iが生成したとしても，それは$CH_3OCH_2CH_2CH_3$からでも，$CH_3OCH(CH_3)_2$からでも可能だということになってしまう．この法則は経験則であるが，有機化学反応では，この法則に反するようなものは多くない．それで，我々は，安心して，この法則を使うことができる．

てアルコールである．それらの構造式を書いてみよ．

2.2.2　エーテルの反応

　エタノールからできるジエチルエーテルは，このうちのどれに当たるのだろうか．この問題を解くには，また化学反応を行わせる必要がある．ジエチルエーテルにヨウ化水素酸を加えて加熱すると，C_2H_5Iの分子式をもつ化合物が得られた．この化合物は，エタノールにヨウ化水素を作用させて得られる物質と同じものであった．この結果は，可能な構造のうち，$CH_3CH_2OCH_2CH_3$が最ももっともらしいことを示している．それで，この反応の式は，次のように書ける．

> **官能基**
>
> 　これまでの学習から，有機化合物においては，炭素と水素だけでできている原子団は，化学反応に際してほとんど変化せず，アルコールやエーテルでは，酸素原子を中心とした，C－O－Hの部分やC－O－Cの部分だけが変化していくことがわかった．このことからすると，反応に関係する部分に注目して，有機化合物を分類するのが便利であることが理解できる．このようなとき，反応する部分に着目した原子団のことを官能基という．官能基とは反応していく原子団という意味である．本書も，官能基を中心にまとめて説明することにしている．官能基については，さらに学習が進んだ時点で，もう一度説明する．

$$\text{CH}_3\text{CH}_2\text{OCH}_2\text{CH}_3 + 2\,\text{HI} \longrightarrow 2\,\text{CH}_3\text{CH}_2\text{I} + \text{H}_2\text{O}$$

この反応でも,CH_3CH_2の原子団は変化することなく,反応に際しては,ほかの部分に変化が起こっていることが明らかになった.ジエチルエーテルのように,分子内にC–O–Cの結合がある化合物のことをエーテルと総称する.

第1章で,エタノールと同じ分子式をもちながら,その構造がエタノールの化学的性質が異なるためにエタノールではないとしたCH_3OCH_3もエーテルの1種である.実際,この化合物をヨウ化水素酸と反応させると,CH_3Iの分子式をもった化合物が生成する.

エーテルは,石油などと同じように燃えやすいという点を除けば,比較的反応性が小さい化合物である.

章末問題

2.1 次の構造式を,省略しない構造式に改めよ.

a) $\text{CH}_3\text{CH}_2\text{CH}_2\text{OH}$ b) $(\text{CH}_3)_2\text{CHOH}$

c) $(\text{CH}_3)_2\text{CHCH(OH)CH}_3$

2.2 次の化合物にマグネシウムおよびアルミニウム金属を反応させたときの反応式を書け.ただし,アルミニウム(Al)1原子は,アルコール3分子と反応し,マグネシウム(Mg)は2分子のアルコールと反応する.

a) $\text{CH}_3\text{CH}_2\text{CH}_2\text{OH}$ b) $\text{CH}_3\text{CH(OH)CH}_3$ c) $\text{CH}_3\text{-C(CH}_3\text{)(OH)-CH}_2\text{CH}_3$

2.3 次の化合物に,高温で,硫酸を働かせたときに生成すると予想される炭素と水素との化合物の分子式を書け.

a) $\text{CH}_3\text{CH}_2\text{CH}_2\text{OH}$ b) $\text{CH}_3\text{CH(OH)CH}_3$ c) $\text{CH}_3\text{-C(CH}_3\text{)(OH)-CH}_2\text{CH}_3$

2.4 次の化合物に三塩化リンを作用させたときに起こる化学反応式を書け.ま

た，それぞれのアルコールに塩化チオニルを作用させたときはどのような反応が起こるか，反応式を書け．

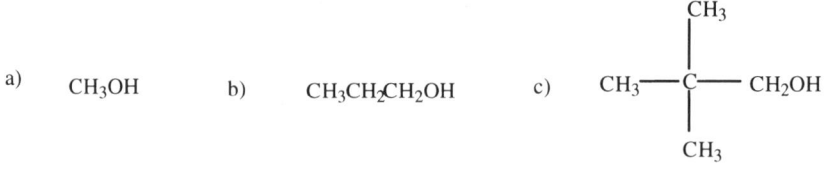

a) CH₃OH   b) CH₃CH₂CH₂OH   c) (CH₃)₃C—CH₂OH

d) CH₃CHCH₃   e) CH₃CH₂CH₂CH₂OH   f) CH₃CH–CHCH₃
   | | |
   OH   CH₃ OH

2.5 次の化合物に，章末問題2.3の条件よりは低温で，硫酸を作用させたときに予想される反応の反応式を書け．（ヒント：この反応で生成するものはエーテルである）

　　　　a) CH₃CH₂CH₂OH　　　b) CH₃OH
　　　　c) CH₃CH₂CH₂CH₂OH

2.6 次の化合物に，硫酸酸性で酸化クロム(VI)を反応させたときに生成が予想される化合物の分子式を書け．

a) CH₃CH₂CH₂OH   b) CH₃CHCH₃   c) CH₃CH₂CHCH₃
                    | |
                    OH   OH

2.7 次の化合物にヨウ化水素酸を作用させたときに起こる反応の反応式を書け．

　　　　a) CH₃OCH₃　　　b) CH₃OCH₂CH₃
　　　　c) CH₃CH₂CH₂OCH₂CH₂CH₃

2.8 あるエーテルにヨウ化水素酸を作用させたところ，生成物としては，CH₃CH₂CH₂Iのみが得られた．もとの化合物の構造を推定せよ．

2.9 あるエーテルにヨウ化水素酸を作用させたところ，CH₃IとCH₃CH₂CH₂Iの2種類のヨウ素化合物が得られた．もとのエーテルの構造を推定せよ．

2.10 あるエーテルにヨウ化水素酸を作用させたところ，CH₃CH₂IとCH₃CH₂CH₂Iが得られた．もとのエーテルの構造式を示せ．

3. 飽和炭化水素・異性体・有機化合物命名法

　これまで，第1章では，エタノールの分子式に相当するものに，実際は2つの構造が書けること，そして，第2章では，それらは，アルコールとエーテルに当たるものであることを学習した．また，同じ分子式に当たるアルコールであっても，いくつもの構造式が書けるものがあることに気づいた．このように，同じ分子式でありながら，違う構造式をもつ分子を互いに**異性体**であるという．

　これらには，特別の名前をつけないで，第2章までの記述を続けてきたが，これらに名前がつけられれば，いちいち構造式を書かなくてもすむので，便利である．本章では，これら異性体にどのようにして名前をつけるか（命名するか）を学習することにする．しかし，命名の方法（命名法）をよく理解するためには，炭素と水素だけでできている分子（**炭化水素**）の異性体について，よく理解しておく必要がある．まず，炭化水素の異性体と名称から始めることにしよう．

3.1　炭化水素の命名の基礎

　すでに述べたように，炭素原子は，いくつでもつながることができるという特徴をもっている．したがって，原理上，炭素原子は無限につながれるのであるが，ここでは，炭素10個までの化合物にまず着目することにしよう．炭素10個までの化合物は，表3.1に示す名前をもっている．これは，有機化合物に名前をつける基本であるから，これらの名前は覚えておかねばならない．

表3.1 直鎖炭化水素の名称

炭素数	構造式	英語名	日本語名
1	CH_4	methane	メタン
2	CH_3CH_3	ethane	エタン
3	$CH_3CH_2CH_3$	propane	プロパン
4	$CH_3CH_2CH_2CH_3$	butane	ブタン
5	$CH_3CH_2CH_2CH_2CH_3$	pentane	ペンタン
6	$CH_3CH_2CH_2CH_2CH_2CH_3$	hexane	ヘキサン
7	$CH_3CH_2CH_2CH_2CH_2CH_2CH_3$	heptane	ヘプタン
8	$CH_3CH_2CH_2CH_2CH_2CH_2CH_2CH_3$	octane	オクタン
9	$CH_3CH_2CH_2CH_2CH_2CH_2CH_2CH_2CH_3$	nonane	ノナン
10	$CH_3CH_2CH_2CH_2CH_2CH_2CH_2CH_2CH_2CH_3$	decane	デカン

表3.1に掲げた化合物は，炭素数が1個増えるごとにCH_2ずつ増加していくことがわかる．それで，これらの炭化水素はC_nH_{2n+2}の一般式をもっていることがわかる．このような炭化水素を**アルカン**（**alkane**）という．

問題3.1 表3.1の炭化水素の分子式は，いずれもC_nH_{2n+2}の一般分子式に適合していることを確かめよ．

有機化合物は，このように，炭素がいつも直線状に並んでいるとは限らない．炭素の鎖は次のように曲げて書くこともできるけれども，この場合は，炭素原子は1本につながっているとみることができるから，これらは直線状につながっていると考える．

CH_3–CH_2–CH_2–CH_2–CH_3

CH_3–CH_2–CH_2–CH_2
                              |
                         CH_3 （これらはいずれもペンタンである）

CH_3–CH_2–CH_2
            |
        CH_2CH_3

直線状になっていないということは，炭素原子の鎖に枝分かれがあるという

ことである（枝分かれの意味がわかりにくかったら，第 2 章の構造（N），（P）を参照）．このような場合には，直鎖の化合物の水素が炭素を含む原子団によって置換されたという．このような置換炭化水素に命名するには，置換した原子または原子団（置換基または単に基という）に別の名前を与え，その置換基名と置換基が炭素の鎖（主鎖という）の何番目の炭素についているかで示すことにする．

ここで問題にしている炭化水素の基は，炭化水素分子よりも水素原子が 1 個少なくなければならない．このような基には，これまでにみてきた炭化水素名の語尾 ane を yl に変えて命名することにする．日本語では，これを音訳する（例：メチル，エチル）．

問題 3.2 次の基は何と命名されるか．

a)　　　$CH_3CH_2CH_2-$　　　　　　　　b)　　　$CH_3CH_2CH_2CH_2-$

すると次にあげる化合物のうち左のものは，2-methylbutane（2-メチルブタン）となる．炭素の主鎖には一方の端から順に番号をつける．この際，置換基のついた炭素の番号がなるべく若くなる方向から，番号づけを始める．したがって，下左の化合物は 3-メチルブタンではない．同様にして，その右側に書いた化合物が 3-エチルヘキサンと呼ばれることもわかるであろう．

```
4   3   2   1                    6    5    4   3    2    1
CH₃–CH₂–CH–CH₃              CH₃–CH₂–CH₂–CH–CH₂–CH₃
         |                                |
        CH₃                           CH₂CH₃
```

問題 3.3 枝分かれがあっても，これらの炭化水素は C_nH_{2n+2} の一般式に合うことを確かめよ．

このとき注意すべきことが 1 つある．それは，枝分かれがある化合物については，最も長い炭素鎖を主鎖とするということである．したがって次の化合物は 4-エチルヘプタンであって，3-プロピルヘキサンではない．

$$\underset{7}{CH_3}-\underset{6}{CH_2}-\underset{5}{CH_2}-\underset{4}{CH}-\underset{}{CH_2}-CH_3$$
$$\underset{3}{}\underset{}{CH_2}-\underset{2}{CH_2}-\underset{1}{CH_3}$$

問題3.4 次の炭化水素を命名せよ．

a) $(CH_3)_2CHCH_2CH_2CH_3$　　　　　b) $CH_3CH_2CH(CH_3)CH_2CH_3$

c) $CH_3CHCH_2CH_2CH_3$
　　　$|$
　　　CH_2CH_3

d) $CH_3CH_2CHCH_2CH_3$
　　　　　　$|$
　　　　　　$CH_2CH_2CH_3$

　同じ置換基が2個以上あるときには，置換基名の前にジ（di），トリ（tri）をつけて，同じ置換基が2個あるいは3個あることを示す．それぞれの置換基について，主鎖についている炭素原子の番号を示さなければならない．また，同じ炭素原子に置換基が2個ついている場合には，その炭素原子の番号を2回くり返す必要がある．1回しか書かないと，2個目の置換基がどの炭素についているかに曖昧さが残るからである．

例：　　$CH_3CH-CHCH_3$　　　　　　　　$CH_3CH_2CCH_3$
　　　　　　$|$　　$|$　　　　　　　　　　　　　　$|$
　　　　　CH_3 CH_3　　　　　　　　　　　CH_3 (with additional CH_3 above)

　　　　　2,3-ジメチルブタン　　　　　　　　　2,2-ジメチルブタン

問題3.5 次の化合物を命名せよ．

a) $CH_3CH_2CHCH_2CHCH_2CH_3$
　　　　　$|$　　　$|$
　　　　CH_3　CH_3

b) $CH_3CH_2CCH_2CH_2CH_3$ (with CH_3 above and CH_3 below the C)

異なる置換基がついている場合には、それぞれの置換基名と置換が起こっている炭素原子の番号で示す。置換基のどちらを先に書くかは、置換基名の最初の文字のアルファベット順による。どちらの端から番号をつけるかが問題になるときには、置換基のつく炭素の位置番号がなるべく若くなるものを選ぶ。

例： CH$_3$CH$_2$CH–CHCH$_2$CH$_2$CH$_3$
　　　　　　｜　　｜
　　　　　CH$_3$　CH$_2$CH$_3$

4-エチル-3-メチルヘキサン

問題3.6 次の化合物を命名せよ.

CH$_3$CH$_2$C(CH$_3$)$_2$CH(CH$_2$CH$_3$)CH$_2$CH$_3$

3.2　アルコールとエーテルの命名

アルコールも、前節に述べたアルカンの**誘導体**（置換基をつけたり変えたりするなどして作り出すことができる化合物）として命名することが可能である。この際、アルコールに特徴的な原子団は水素原子1個と酸素原子1個の原子団であるから、この原子団をヒドロキシル基という。ヒドロキシル基を置換基として命名するときは、この基にhydroxy（ヒドロキシ）の名称を与える。しかし、ヒドロキシ置換として命名するのは、ほかにも重要な原子団がある場合である。この場合とは、第5章以降で学習する基が分子内に含まれているときである。

アルコールの一般名は、alkaneの語尾からeを取り除き、代わりにolをつけて命名する。それで、アルコールのことをalkanol（アルカノール）と呼ぶ。第1章で学習したエタノールは、エタンの水素原子をヒドロキシル基で置換した化合物であるから、こう呼ばれるのである。

問題3.7 メタノールの構造式を書け.

炭素鎖が3個以上になると，ヒドロキシル基がつく位置によって，異性体ができる．これらを区別するためには，ヒドロキシル基のついた位置を，炭素の番号で示す．

例：　　　CH$_3$CH$_2$CH$_2$OH　　　　　　　　CH$_3$CH(OH)CH$_3$

　　　　　　1-プロパノール　　　　　　　　　　　2-プロパノール

問題3.8 次の化合物を命名せよ．

a)　CH$_3$CH$_2$CH$_2$CH$_2$OH　　　　b)　CH$_3$CH$_2$CH$_2$CH(OH)CH$_3$

問題3.9 次の化合物の構造式を書け．
a)　2-ヘキサノール　　b)　1-ペンタノール　　c)　4-ヘプタノール

慣用名

研究室で話される言葉や，文献に出てくるアルコールの名称に，炭化水素の基名にアルコールをつけたものがある．英語で書くと alkyl alcohol となる．メチルアルコールやエチルアルコールと呼ばれるのは，この種の呼び方である．このような呼び方は，慣用名といわれる．慣用名に対応する言葉は系統名である．この教科書ではできるだけ系統名で通すことにするが，頻用される慣用名についてはこの囲み記事などで取り上げ，必要に応じてその場で付け加えることにする．

アルコールの慣用名でよく使われるものに，イソプロピルアルコールとt-ブチルアルコールがある．t-というのは第3級を表す言葉である．ふつう，ターシャリーと発音されるが，第3級ということもある．イソプロピルは (CH$_3$)$_2$CH- に対する基名である．これらの構造を次に示す．また，これまで学習してきた命名法ではどういう名称になるかも，一緒に示した．

　　　　CH$_3$CHCH$_3$　　　　　　CH$_3$COH
　　　　　　|　　　　　　　　　　　　|
　　　　　 OH　　　　　　　　　　　CH$_3$

（左：CH$_3$CHCH$_3$ にOH；右：中央Cに CH$_3$ が上下と、OHが右）

イソプロピルアルコール　　　　t-ブチルアルコール
または　2-プロパノール　　　　または　2-メチル-2-プロパノール

エーテルの慣用名

エーテルの慣用名は，アルキル基の名前を2つ並べてから，エーテルをつけて作る．ジエチルエーテルはアルキル基が2つともエチルであることを示している．同じようにして，ジメチルエーテル，エチルメチルエーテルなどの名前を作ることができる．古い文献には，ジエチルエーテルのジを略してエチルエーテルとしたり，ジエチルを略して単にエーテルとしているものもあるが，曖昧さが残るということで，今日では，使わないことが推奨されている．

エーテルは，炭化水素の水素1原子が$C_nH_{2n+1}O-$の原子団によって置換されたものとして命名する．$C_nH_{2n+1}O-$の原子団はアルキルオキシ基と呼ばれるが，アルキル基が小さいときには，メトキシ，エトキシなどの基名を使ってもよい．英語でいえば，alkyloxyの中程からylを取り除いたものに当たり，一般名はalkoxyとなる．したがって，ジエチルエーテルはエトキシエタンとなり，第1章で出てきたCH_3OCH_3の化合物はメトキシメタンと呼べばよいことになる．

問題3.10 2-メトキシプロパンの構造式を書け．

3.3 異 性 体

第1章では，CH_3CH_2OHとCH_3OCH_3は同一の分子式C_2H_6Oをもっているが，それらの化学的性質は異なることを学習した．本章で取り上げた炭化水素（alkane）でも，たくさんの異性体が出現する．例えば，ブタンと2-メチルプロパンとは互いに異性体である．これらの炭化水素に，どれほどの異性体が可能なのか，実際に調べてみよう．

例題3.1 分子式C_6H_{14}をもつ化合物に異性体が何個可能か検討せよ．
［解答］このような問題を考えるには，まずこのアルカンの炭素原子鎖を長いものから順に考え，それにどのような枝分かれが可能かを考えるのが便利である．

まず，炭素鎖がすべて1本になっているものを考える．これは，1種しかない．

$$CH_3CH_2CH_2CH_2CH_2CH_3$$

次に，炭素鎖が1個短い場合を考える．このときは，主鎖にメチル基がついていなければならない．そこで，次の場合が考えられる．下の図では，水素を省略して，炭素骨格だけを示している．

a) 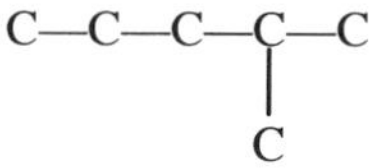 C—C—C—C—C b) 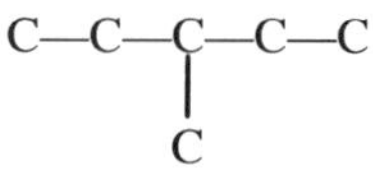 C—C—C—C—C
          | |
          C   C

炭素5個が主鎖になった場合は，これでおしまいである．さらに1個の炭素原子を動かすこともできるけれども，それは，ここに書いた2種のどちらかに一致してしまう．

次に炭素鎖が4個の炭素原子の場合を考える．すると，枝になる可能性は，メチル基が2個かエチル基が1個かである．

c) 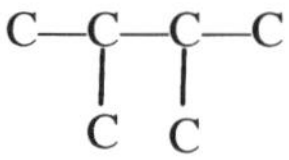 C—C—C—C   d) 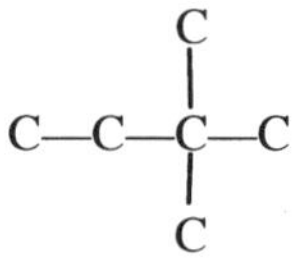   C   e) 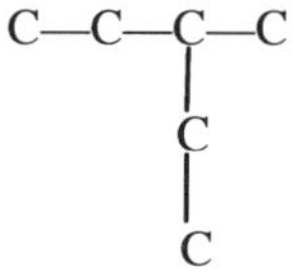 C—C—C—C
       | | | |
       C C   C—C—C—C   C
                     | |
                     C   C

メチル基が2個の場合は，確かに，2種類の構造が書けるのだけれど，エチル基を枝とした構造e）は，前に炭素5個の鎖にメチル基をつけたb）と同じになってしまう．そこで，e）は新しい異性体ではない．

さらに鎖が短い3個の炭素鎖を考えると，これの置換体はa），c）またはd）のどれかと同じものになる．よって，この異性体はここに出てきたものでおしまいである．したがって，直鎖のヘキサンのほか，これらの骨格a），b），c），d）に必要なだけ水素原子を加えれば，必要な構造式ができる．

答：5種 ∎

問題3.11 上の問題を考えた中で，メチル基を末端の炭素につけた場合を考えなかったのはなぜか．

問題3.12 上の例題の中で記述した，b）とe）が同じものであるという点

を確かめよ．

問題3.13 3個の炭素鎖に枝分かれをつけるとa），c）またはd）になるという記述を確かめよ．

アルカンも，分子式が同じで構造式は異なるものが異性体であるから，それらの性質は，それぞれ違っているはずである．その証拠の1つとして，これらの化合物の，沸点と密度を表3.2に掲げる．分子が直鎖になっているものの方が，一般に沸点が高く，枝分かれが多いほど沸点が低くなっていることがわかるであろう．このことは，一般的にいえることで，分子が球状に近くなればなるほど，同じ分子量の異性体では，沸点が低いことが知られている．

この理由は，分子の接触面積が大きくなればなるほど，分子間の引き合う力が大きくなり，それに打ち勝つエネルギーを得るためには，高い温度が必要だからと考えられている．

表3.2 C_6H_{14}異性体の沸点と密度

化合物名	構造式	沸点（℃）	密度（g/cm³）
ヘキサン	$CH_3CH_2CH_2CH_2CH_2CH_3$	68	0.6771
2-メチルペンタン	$(CH_3)_2CHCH_2CH_2CH_3$	60	0.6780
3-メチルペンタン	$CH_3CH_2CH(CH_3)CH_2CH_3$	63	0.6820
2,3-ジメチルブタン	$CH_3CH(CH_3)CH(CH_3)CH_3$	58	0.6486
2,2-ジメチルブタン	$CH_3CH_2C(CH_3)_2CH_3$	49	0.6795

アルコールやエーテルの異性体を数え上げるには，炭化水素骨格の異性のほかに，酸素原子がつく位置による異性，およびアルコールとエーテルの異性を考えなければならない．次の例題で，やや複雑な場合を検討してみよう．

例題3.2 $C_5H_{12}O$の分子式をもつ異性体の構造式を書き上げよ．

［解答］ この問題を解くには，まず直鎖のアルコールから数え上げるのが便利である．そして，炭素骨格は鎖が枝分かれのないものから始める．

炭素5個の直鎖C-C-C-C-Cを考えて，OHがついて異性が生じる位置は3つである．

```
C—C—C—C—C        C—C—C—C—C        C—C—C—C—C
        |                |                |
        OH               OH               OH
```

次に，主鎖を4個および3個の炭素原子とし，それの異性を考える．これには，それぞれ1種，つまり次の2種が可能である．

```
        f)  4  3  2  1           g)      C
            C—C—C—C                      |
                |                     C—C—C
                C¹                       |
                                         C
```

このうち，g)の骨格では，どの炭素にヒドロキシル基をつけても同じになるので，これから誘導されるアルコールは1種類しかない．しかし，f)の骨格から誘導されるアルコールには，ヒドロキシル基が，1，2，3，4のどの炭素原子についても，異なる分子となるから，その数は4である．

炭素が3原子で鎖を作っている場合は，メチル基を2個つけるとg)になってしまい，エチル基をつけるとf)になってしまう．それで，これ以上アルコールの異性体を考える必要はないことになる．アルコールの異性体は計8種である．

次にエーテルを考えよう．エーテルのときは，アルキル基を2つに分けて考えると便利である．C_5を2つに分ければ，C_2とC_3か，C_1とC_4である．

C_1とC_2では異性基はないが，C_3とC_4の基には異性があるので，それを考慮しなければならない．これらの基をあげると，次の通りである．

```
C—C—C—                        C—C—C—              
                                  |                    C
         C—C—C—C—                 C                    |
C—C—                                                C—C—C
  |                                                    |
  C                            C—C—C—                  C
                                  |
                                  C
```

それで，エーテルの数は，C_1–O–C_4で4種類，C_2–O–C_3で2種類，計6種となる．アルコールとエーテルを合わせれば，全部で14種の異性体がある． ■

問題 3.14 分子式 $C_4H_{10}O$ の化合物には，どれだけの異性体があるか数えてみよ．

3.4 アルカンの反応

アルカンは，酸やアルカリとは反応しにくいが，燃えることはよく知られている．燃えることによって，アルカンは大量の熱を発生する．そのため，アルカンはよい燃料である．

メタンは天然ガスとして産出するが，ガソリンは，石油を分解して作る．ガソリンの代表的な成分はオクタンである．これらが燃焼したときの燃焼熱を次の式に示す．ただし，ここに示した熱量は，その物質1モルを燃やしたときの熱量である．通常，発熱のとき，プラスの記号で表すことにしている．

$$CH_4 + 2\,O_2 \longrightarrow CO_2 + 2\,H_2O + 890.3 \text{ kJ/mol}$$

$$C_8H_{18} + 25/2\,O_2 \longrightarrow 8\,CO_2 + 9\,H_2O + 5470.1 \text{ kJ/mol}$$

メタンは分子量が小さいから，1g当たりにすると，メタンの発熱量はオクタンより大きいということになる．

さらに，メタンは，同じ燃焼熱を得るのに発生する二酸化炭素量が少ない．

このため，メタンは環境に優しい燃料として，特にヨーロッパ諸国で利用されている．

問題 3.15 1g当たりの燃焼熱を，メタンとオクタンで比べてみよ．

> **パラフィン**
>
> アルカンは，酸やアルカリなど，昔の化学で使われていた薬品と反応を起こさないので，パラフィンと呼ばれた．この意味は，親和性がない，つまり何とも馴染まないということである．しかし，アルカンが燃えやすいことは昔から知られていたし，本章で学習するような反応も容易に起こす．これは，酸やアルカリのようなイオンとは反応しにくいという意味である．パラフィンろうなど，現在でもパラフィンという言葉は使用されている．

石油

石油は，大昔の生物が，地殻による圧力や熱の影響を受けて変化したものだと考えられている．地殻中に溜っている石油を掘り出すところを油田といい，油田から出てきたままの石油を原油という．石油は，大部分，直鎖のアルカンであると考えられている．しかし，それらの分子量は大変大きいので，そのまま利用するには不便であるし，自動車の燃料としてのガソリンとしても利用できない．それで，石油精製工場では，触媒を使って原油の分解を行い，沸点によって，いろいろな成分に分けて利用する．ただし，ここで得られる成分は，アルカンばかりでなく，かなりの割合で，次章で学習するアルケンを含んでいる．このような混合物であっても，燃焼させるという目的からすれば，何の問題もない．図は，石油精製工場の概念図である．

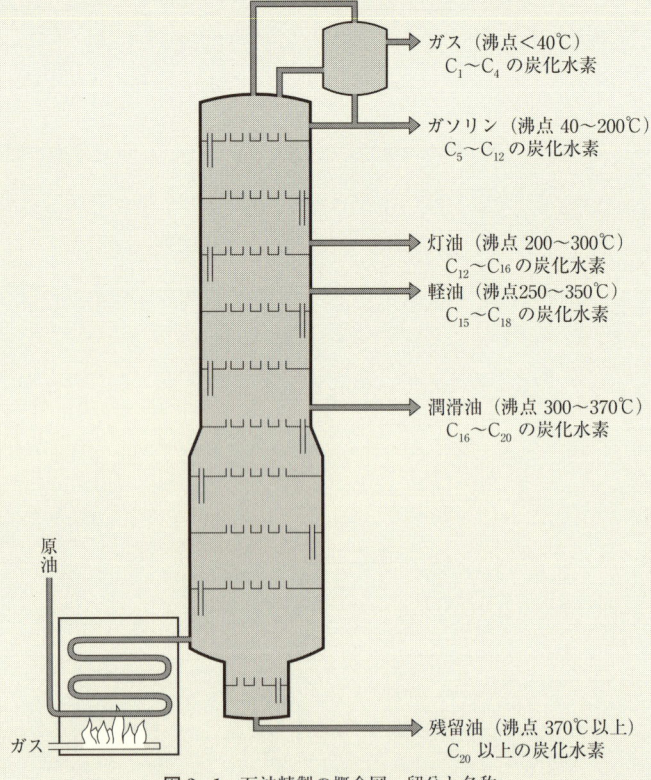

ガス（沸点<40℃）
C_1〜C_4 の炭化水素

ガソリン（沸点 40〜200℃）
C_5〜C_{12} の炭化水素

灯油（沸点 200〜300℃）
C_{12}〜C_{16} の炭化水素

軽油（沸点 250〜350℃）
C_{15}〜C_{18} の炭化水素

潤滑油（沸点 300〜370℃）
C_{16}〜C_{20} の炭化水素

原油

ガス

残留油（沸点 370℃以上）
C_{20} 以上の炭化水素

図 3.1 石油精製の概念図・留分と名称

問題3.16 エネルギー100 kJを得るときに発生する二酸化炭素量を，メタンとオクタンで比較せよ．

メタンに塩素を混ぜて光を当てると，爆発的な反応が起こって，塩素を含む化合物と塩化水素が生成する．この反応を制御するためには，塩素をうすめて使用する必要がある．この主な反応を，以下に式で示す．

$$CH_4 + Cl_2 \longrightarrow CH_3Cl + CH_2Cl_2 + CHCl_3 + CCl_4$$
　　　　　　　　　　　　クロロメタン　　ジクロロメタン　　トリクロロメタン　　テトラクロロメタン

ここで生成する4種類の化合物は，いずれも，有機化学製品の原料や溶媒として重要な物質である．これらの化合物名も式の下に書いてあるが，これらの命名法については，第5章で学習する．

炭化水素の水素を，ほかの原子または原子団に置き換える反応を**置換反応**という．置換反応という用語は，水素以外の原子でも使える．すなわち，すでに炭素に結合している原子を，ほかの原子または原子団に置き換える場合がそれであるが，その例については，後に学習する．

アルカンは，酸やアルカリとは反応しないのに，なぜ，酸素や塩素とは反応するのだろう．ここに起こっている反応は，ラジカル反応と呼ばれるもので，これまで習ってきた酸やアルカリが関係するイオンの反応とは，まったく違ったものである．これについては，専門の講議で学習する．

章末問題

3.1 次の化合物に名称を与えよ．

a) $CH_3CH_2CH_2CH_2CH_2CH_2CH_2CH_3$

b) $CH_3CH_2CH(CH_3)CH_2CH_2CH_3$

c) $CH_3CH_2CH_2C(CH_3)_2CH_2CH_2CH_3$

d) $(CH_3)_2CHCH_2CH_2CH(CH_3)CH_2CH_3$

e) $CH_3CH_2CH_2CH_2CH_2CH_2OH$

f) $CH_3CH(OH)CH_2CH_2CH_2CH_3$

g) $CH_3CH_2CH(CH_3)CH_2CH_2OH$

h) $CH_3OCH_2CH_2CH_2CH_3$

i) $CH_3CH_2OCH_2CH_2CH_2CH_3$

j) $CH_3CH_2CH(OCH_3)CH_2CH_2CH_3$

3.2 次の分子式をもつ化合物に可能な構造式をすべて書き,それぞれに,化合物名を与えよ.

a) C_4H_{10}　b) C_5H_{12}

3.3 次の分子式をもつ化合物に可能な構造式をすべて書き,それぞれに,化合物名を与えよ.

C_3H_8O

3.4 次の分子式をもつ化合物に可能な構造式をすべて書き,それぞれに,化合物名を与えよ.ただし,化合物はアルコールだけでよい.

$C_6H_{14}O$

3.5 章末問題3.4の分子式で,今度は,エーテルの構造をもつものをあげよ.それぞれの化合物について,命名せよ.

3.6 エタンが燃えるときの反応式を示せ(反応式の右と左で,原子の種類と数に変化がないように注意すること).このとき,エタン30 g(1モル)が燃えたときの燃焼熱が1560 kJであるとすれば,1 g当たりの燃焼熱は,メタンに比べてどうか.また,オクタンと比べるとどうか.

3.7 エタンを塩素化したときの化学反応式を示せ.式は簡略化したもので,出発物と生成物が明らかになればよい.

4. 環状アルカンとアルケン——飽和化合物と不飽和化合物

アルカンの分子式は一般にC_nH_{2n+2}であることを第3章で学習した．これらの化合物の特徴は，酸やアルカリとは反応しにくいということであった．これとは別に，水素が2原子少ない分子式C_nH_{2n}をもつ一群の化合物が知られている．これらの中には，アルカンと同じように酸やアルカリと反応しにくいものと，酸と容易に反応するものとがある．これらは，どのような構造をしていると考えればよいのか，学習することにしよう．

4.1 環状アルカン

まず，分子式C_nH_{2n}をもちながら，その反応性がアルカンと似ている化合物群について考えてみよう．このような化合物の構造は，どのように書けば，炭素が4価，水素が1価の原子価を満足させることができるだろう．

例題4.1 分子式C_3H_6の化合物の構造を書いてみよ．

[解答] 分子式C_3H_8のアルカンの構造は

$$CH_3CH_2CH_3$$

と書ける．これから水素を2原子減らさなければならない．水素原子を2個減らした式を仮に書いてみると，次の3種が得られる．

a) $CH_2CH_2CH_2$ b) CH_2CHCH_3 c) CH_3CHCH_2

このうち，b）とc）は，実は同じものである．これらは，後に学習する．a）の構造式をみると，両端にある炭素原子はそれぞれ3価で，炭素が4価であるという条件を満足していない．しかし，両端の炭素原子の間に結合ができたとすると，すべての炭素原子は4価となる．このようにすると，a）の分子は，鎖ではなく，環を作っていることになる．

環を作った化合物中では，アルカンと同じように，すべての炭素原子は4個の原子とつながっているので，酸やアルカリとは反応しにくいことが予想される．このような一群の化合物を，環状アルカンという．

環状アルカンの命名は，同じ炭素数のアルカンの名称の前にシクロをつけることによって行う．上で構造式を書いた化合物はシクロプロパンということになる．次に，これら一連の化合物の構造と名称を示す．

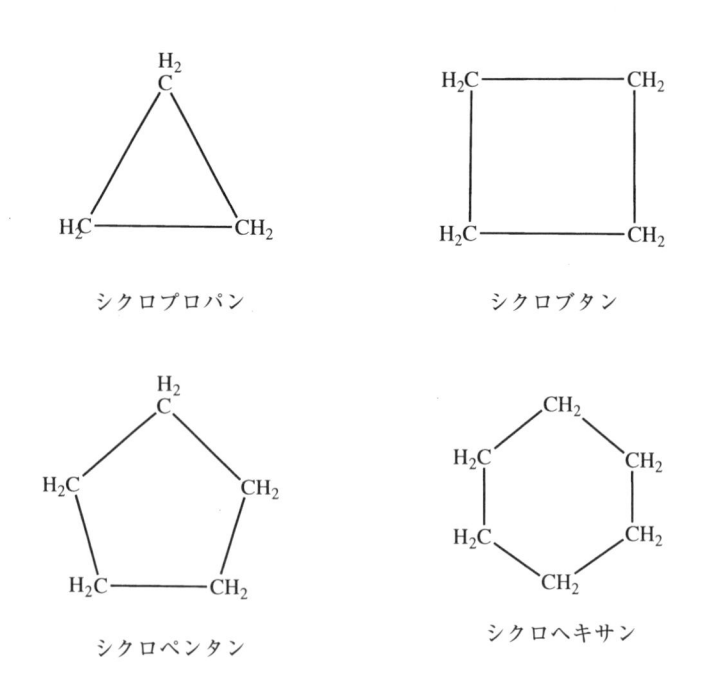

シクロプロパン

シクロブタン

シクロペンタン

シクロヘキサン

環状のアルカンは，まとめて**シクロアルカン**という．これらの構造式をいつ

も書くのは不便なので，直線だけで，これらの環を示すことが多い．簡単にした例を，次に示す．これらは，直線の交点に炭素原子があり，その炭素原子には，炭素が4個の原子と結合を作るまで，水素原子があると仮定している．

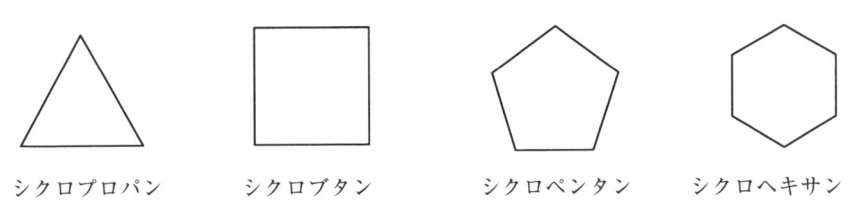

シクロプロパン　　シクロブタン　　シクロペンタン　　シクロヘキサン

このような環状構造を有機化合物がとる場合，炭素原子3個で環ができていれば3員環，4個でできていれば4員環などという．これらの簡略化した環状化合物の構造式に，さらに置換基をつけることもできる．

シクロアルカンに置換基がついているときには，直鎖アルカンに置換基がある場合と同様に命名する．ただし，シクロアルカンの場合には，どのCH_2も同じであるので，置換基が1個だけのときは，置換位置の番号をつける必要はない．この場合強いていえば，置換位置は，すべて1である．

例題4.2 次の化合物を命名せよ．

a) CH_3付きシクロプロパン　　b) CH_3付きシクロペンタン

［解答］　a）　メチルシクロプロパン　　b）　メチルシクロペンタン

シクロアルカンの化学的性質は，アルカンとよく似ている．例えば，シクロヘキサンに塩素を混ぜ，光を当てると，シクロヘキサンの水素が1個塩素原子に置き換わった化合物が生成する．

シクロヘキサン $\xrightarrow{\mathrm{Cl_2},\ 光}$ クロロシクロヘキサン

問題4.1 シクロブタンに塩素を反応させたときに予想される反応式を書け．

4.2 アルケン

前節で，C_3H_6の構造式を考えるとき，CH_2CHCH_3またはCH_3CHCH_2の可能性があることを考えた．このとき，第1の式では左から1番目と2番目の炭素，第2の式では左から2番目の炭素と3番目の炭素が3価で，炭素の原子価4を満足していない．このようなとき，前節では，3価の炭素同士の間にもう1つの結合があると考えた．今回も同様に考えることにすると，この構造はどうなるだろう．前回と違うところは，新しい結合は，すでに結合がある炭素同士の間にできるということである．そこで，このような場合には，1つの炭素原子ともう1つの炭素原子の間に2個の結合があることを示すため，炭素と炭素の間に2本の価標を書いて示すことにする．

$$CH_2=CHCH_3 \quad または \quad CH_3CH=CH_2$$

これらは，書く順序が違うだけで，まったく同じ化合物を表していることがわかる．この2本の価標で示す結合のことを**二重結合**という．また二重結合とこれまでのような価標1本で表す結合とを区別したい時には，価標1本で表す結合を**単結合**ということがある．二重結合をもつ化合物のモデルは，これから学習することになる，これらの化合物の化学的性質を理解しやすいものである．

4.2.1 アルケンの命名

直鎖状の化合物で，分子内に二重結合1個をもつ化合物を総称して**アルケン**という．アルケンは，アルカンの英語alkaneの語尾aneを除きeneを加えて命名する．したがって，最も簡単な化合物$CH_2=CH_2$はethene（エテン）ということになる．

例題4.3 炭素が3個のアルケン$CH_3CH=CH_2$に命名せよ．

[解答] プロペン

　炭素数が4以上の直鎖アルケンでは，二重結合のある位置によって，異性体ができる可能性がある．例えば，ブテンを例にとると，次の2つが可能である．

$$CH_3CH=CHCH_3 \quad または \quad CH_3CH_2CH=CH_2$$

　このような場合に化合物を区別するためには，二重結合に関与している炭素の番号で行う．例えば，上の例では，最初の化合物が2-ブテン，第二の化合物が1-ブテンである．このような場合，二重結合に関与する炭素原子のうち，番号の若い炭素だけを指定すればよいことになっている．

問題4.2 次の化合物を命名せよ．

a) $CH_2=CHCH_2CH_2CH_3$　　　　b) $CH_3CH_2CH=CHCH_2CH_3$

　アルケンに置換基があるときには，アルカンと同様に命名することができる．アルカンと違う点は，置換基の番号を若くするよりは，二重結合の位置を若くする方が優先する点である．

例： a) $CH_2=\underset{\underset{CH_3}{|}}{C}CH_2CH_2CH_3$　　　　b) $CH_2=CHCH_2\underset{\underset{CH_3}{|}}{C}HCH_3$

　　　2-メチル-1-ペンテン　　　　　　　　　4-メチル-1-ペンテン

問題4.3 次の化合物に命名せよ．

a) $CH_2=CHCH_2CH_2CH(CH_3)_2$　　b) $CH_3CH_2CH=C(CH_3)CH_2CH_2CH_3$

c) $CH_2=CHCHCH_2CH_3$
　　　　　　$|$
　　　　　CH_3

d) $CH_3CH_2\underset{\underset{CH_3}{|}}{C}=CH\underset{\underset{CH_3}{|}}{C}HCH_2CH_3$

炭素・炭素二重結合をもつ化合物は，アルカンより水素原子が2個少ない分子に当たるから，その一般式はC_nH_{2n}である．したがって，炭素・炭素二重結合を分子内に1個もつ化合物，すなわちアルケンは，シクロアルカンの異性体である．

問題4.4 シクロペンタンと1-ペンテンは異性体であることを確かめよ．

シクロアルカンとアルケンとが異性体であるとすると，同じ分子式をもつ化合物にも多くの異性体が可能になってくる．このような場合，どのようにして異性体を数えるのか，例で示しておこう．

例題4.4 分子式C_5H_{10}をもつ化合物の異性体を書け．

［解答］ この分子式にはアルケンとシクロアルカンとが可能であるから，まず，アルケンから始めよう．アルケンはアルカンのときと同じようにしてやれる．まず，直鎖の構造を考える．アルカンとアルケンの違いは，アルケンは，二重結合の位置によって，異性体があることである．そこでまず，炭素5個の直鎖の骨格を書き，それに二重結合を入れる．

$$C—C—C—C=C \qquad C—C—C=C—C$$

右に書いた骨格の二重結合をもう1つ左に寄せても，それはやはり2-ペンテンであるから，右の化合物と同じになってしまう．

次に，炭素4原子が直鎖になっている場合を考えよう．この場合にも，二重結合の位置によって2種の異性体が考えられる．

$$C—C—C=C \qquad C—C=C—C$$

しかし，C_5にするためには，これにメチル基の枝をつけなければならない．枝のつき方は，1-ブテンの場合には2種が可能であるが，2-ブテンには1種しかない．それで，炭素4原子の直鎖では，3種類の異性体が可能である．

4.2 アルケン

```
C—C—C=C        C—C—C=C        C—C=C—C
    |              |              |
    C              C              C
```

それでは，炭素3個が直鎖で，二重結合が入っているとどうだろう．この場合には，エチル基がつくことになるが，それは，上にあげた最初の化合物，2-メチル-1-ブテンと同じになってしまう．メチル基を2個つけて，新しい構造を作り出すこともできない．よって，問題の分子式をもつ直鎖またはその枝分かれの化合物は，上記5種であることになる．

それではシクロアルカンはどうだろう．この場合，最も大きな環が5員環であることは当然であるが，4員環，3員環の化合物も可能である．4員環ならば炭素原子が1個少ないだけであるから，これは，メチルシクロブタンだということになる．3員環のシクロプロパンを骨格としてもっている化合物では，炭素2個分が不足している．これはエチル基がつくか，メチル基が2個つくかで，与えられた分子式にすることができる．エチルシクロプロパンには1種しかないが，ジメチルシクロプロパンでは，どの炭素原子に2個のメチル基がつくかで，異性体が発生する．1つは，同じ炭素原子に2個のメチル基がついたものであり，もう1つは，シクロプロパンの異なる炭素原子に1個づつのメチル基がついたものである．以上の論理によって，シクロアルカンとしては，C_5H_{10}の化合物は5個の異性体があることになる．それらの構造を次に示しておこう．

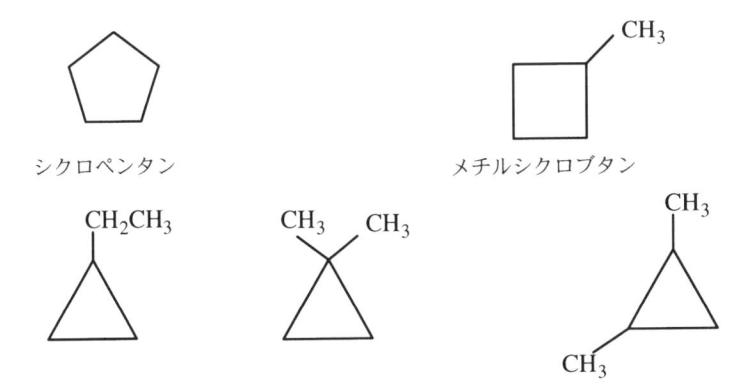

シクロペンタン　　　　　　　　　　メチルシクロブタン

エチルシクロプロパン　　1,1-ジメチルシクロプロパン　　1,2-ジメチルシクロプロパン

問題4.5 上と同じようにして，C_6H_{12}の分子式をもつ環状化合物にいくつの異性体があるか数えてみよ．できたら，次に，これらの化合物に命名せよ．

4.2.2 アルケンの反応

アルケンは，アルカンと同じように燃える化合物であるが，アルカンとは違った，いろいろな反応を行う．その最も典型的な例は，臭素との反応で，エテンと臭素を触れさせるだけで，室温でも容易に反応が進み，臭素の色がなくなってしまう．この反応は，エテンだけでなく，炭素・炭素二重結合をもつ化合物に一般に起こる反応である．それで，臭素の色が消えることを利用すれば，その分子内に二重結合があるかどうかを調べることが可能である．このような試験を**定性試験**という．

この反応は，次の反応式で示すことができる．

$$CH_2=CH_2 + Br_2 \longrightarrow BrCH_2CH_2Br$$

問題4.6 プロペンと臭素が反応する式を書け．

エテンは，臭素だけでなく，それとよく似た性質をもつ塩素とも，同じように反応する．また，白金などの触媒を用いると水素とも反応して，エタンが生成する．

$$CH_2=CH_2 + Cl_2 \longrightarrow ClCH_2CH_2Cl$$

$$CH_2=CH_2 + H_2 \xrightarrow{白金} CH_3CH_3$$

> **オレフィン**
>
> アルケンのことをオレフィンと呼ぶこともある．これは，エテンと臭素の気体を混ぜると，油のような物質ができるからである．つまり，英語のolefinは，oil formingからきた言葉である．
>
> 現在でも，エテンのことをエチレン，プロペンのことをプロピレンと呼ぶ人が多い．これらは慣用名の一種で，系統だった名称ではないが，日常会話や工場などで使われている．

4.2 アルケン

これらの反応は，エテンなどのアルケンに，塩素，水素などの分子が付け加えられる反応であるので，**付加反応**という．そして，付加反応を起こす化合物は不飽和であるといい，これらの化合物を**不飽和化合物**ということがある．付加反応の特徴は，付加するのは分子であって，その分子が2つの部分に分かれて，一方はアルケン炭素の一方と結合を作り，他方は，もう1つの炭素と結合を作ることである．

問題4.7 エテンにXYの分子が付加するときの一般反応式を書け．

これに対して，アルカンは付加反応を起こさず，エテンに付加反応が起こってできた付加化合物も，さらに付加反応を起こすことはない．これらの化合物は，**飽和化合物**である．鎖状の化合物では，それぞれの炭素原子が，いずれも4個の原子に結合している場合，その化合物は飽和化合物であるということができる．また，エテンの二重結合を**不飽和結合**ということもある．不飽和結合には，後に学習する三重結合も含まれる．

問題4.8 次の鎖状化合物は，飽和化合物か，それとも不飽和化合物か判定せよ．

    a) C_5H_{12}　　b) C_4H_8　　c) C_7H_{14}　　d) C_3H_8

例題4.5 エテンに水素が付加したときにできる生成物の構造を書いて，それがエタンと同じものであることを確かめよ．

［解答］ エテンに水素が付加するときは，水素分子は，2つの水素原子に分かれて，不飽和結合を作っている炭素原子のそれぞれと結合を作る．その式は次のように書ける．

$$CH_2=CH_2 + H_2 \longrightarrow \underset{\underset{H}{|}\ \underset{H}{|}}{CH_2-CH_2}$$

ここに書いた炭素原子はいずれも3個の水素原子に結合している．それで，

石油精製

　前章で学習した，原油の精製は，実はガソリンをたくさん作りたいために発明されたものである．原油の成分は，直鎖のアルカンと考えられているが，分子量が大きいので，内燃機関の燃料としては不向きである．そのために，原油に触媒を加えて加熱し，炭素・炭素の結合を切って，分子量の小さい分子にするのである．これはクラッキングと呼ばれる工程であるが，このとき，分子量の小さいアルカンやアルケンが大量に発生する．これら，分子量の小さなアルケンは，ポリエチレンやポリプロピレンの原料で，我々の身の回りにもたくさんあり，プラスチックとしてよく知られている．

図 4.1 石油精製プラント（写真提供：(株) 石川島播磨重工）

これは2個のメチルがつながったものCH_3-CH_3と同じことである．つまり，生成物はエタンである．

問題4.9 次の反応を行わせたときに生成すると予想される化合物の構造式を書け．

　　　　a)　　　$CH_3CH=CH_2 + Cl_2$

　　　　b)　　　$CH_3CH=CHCH_3 + Br_2$

c)　　　　$CH_3CH_2CH=CH_2 + Br_2$

d)　　　　$CH_3CH=CHCH_3 + H_2$ 　（白金触媒）

　エテンには，上記の化合物のほか，水や塩化水素も付加することが知られている．ただし，水の場合には，硫酸のような酸を触媒に使わなければならない．エテンと水との反応は，現在石油化学工場でエタノールを生産する基本反応となっている．

$$CH_2=CH_2 + H_2O \xrightarrow{\text{酸}} CH_3CH_2OH$$

$$CH_2=CH_2 + HCl \longrightarrow CH_3CH_2Cl$$

問題 4.10　2-ブテンに水が付加したときに予想される生成物の構造式を書け．

　臭素や塩素がエテンに付加する場合には，一方の炭素原子につくものともう一方の炭素原子につくものとは同じである．ところが水や塩化水素の場合には，エテン分子の一方の炭素原子につくものと，もう一方の炭素原子につくものとが違うことに気づく．これは，プロペンの付加反応を考えるときには問題となる．つまり，次のどちらの反応が起こるかということである．

$$CH_3CH=CH_2 + H_2O \xrightarrow{\text{酸}} CH_3CH_2CH_2OH$$

$$CH_3CH=CH_2 + H_2O \xrightarrow{\text{酸}} CH_3\underset{\underset{OH}{|}}{CH}CH_3$$

　実際に実験を行うと，主な生成物は，第2の反応式に従う，2-プロパノールである．同様に，プロペンに塩化水素を反応させると，その生成物は次の反応式によって表されるものである．

$$\text{CH}_3\text{CH=CH}_2 + \text{HCl} \longrightarrow \underset{\underset{\text{Cl}}{|}}{\text{CH}_3\text{CHCH}_3}$$

このような付加の方向は，一般に成立する．これをまとめると，付加する分子が水素を含んでいて，それが水素とほかの部分に分かれて付加するときは，水素原子は，二重結合を作っている炭素のうち，もともと水素原子が多くついていた炭素原子につき，水素原子の少ない方の炭素原子には，水素でない部分がつく．この一般則は，**マルコウニコフ（Markovnikov）の法則**と呼ばれる．

例題4.6 次の化合物に塩化水素が付加するときに生成する化合物を予想せよ．

$$(\text{CH}_3)_2\text{C=CH}_2$$

[解答] この分子中で二重結合を作る炭素原子のうち，左側のものはメチル基が2つで水素原子はまったくない．これに対して，右側の炭素原子には水素原子は2個ついている．したがって，塩化水素のうち，水素は右側の炭素につき，塩素は左側の炭素につく．

答：$(\text{CH}_3)_2\text{C}(\text{Cl})\text{CH}_3$ または $(\text{CH}_3)_3\text{CCl}$ ∎

4.3 アルキン

アルカンよりも水素原子が2個少ない化合物を一般にアルケンというが，アルケンよりさらに水素原子数の少ない炭化水素が知られている．それは一般式 C_nH_{2n-2} をもつ化合物である．このような分子式をもち，環を作っていない化合物のうち C_2H_2 と同じ結合様式をもつ化合物群を**アルキン**という．この化合物は，ethaneの語尾からaneを除きyneをつけて命名する．日本語では，エチンと呼ぶ．一般にアセチレンといわれることが多い化合物である．エチンは次の構造をもっている．

$$\text{HC}\equiv\text{CH}$$

このとき，炭素は2個の原子につながっているだけであるので，炭素を4価にするためには，炭素と炭素の間に3個の結合があると考えなければならない．それで炭素原子と炭素原子の間に3本の価標を書くのである．このような結合を**三重結合**という．アルキンは三重結合をもつ化合物であるという定義がより正確である．なぜならば，C_nH_{2n-2}の分子式をもつ化合物では，環をもっていなくても，二重結合2個の化合物が可能だからである．

問題4.11 次の化合物に命名せよ．

a)　　　　$CH_3C\equiv CH$　　　　b)　　　　$CH_3C\equiv CCH_3$

一般式C_nH_{2n-2}をもつ分子で，三重結合を1個もつ化合物なのか，二重結合2個をもつ化合物なのかを決めるのはなかなか難しい．しかし，三重結合が分子の端にあるときには，後に述べる化学反応によって決定することができる．

問題4.12 構造式$CH_2=CH-CH=CH_2$の化合物について，その分子式がC_nH_{2n-2}の一般式に合っていることを確かめよ．

不飽和度

一般に分子式が与えられたときに，その化合物に不飽和結合があるかどうかを判定するときに，しばしば，不飽和度という考え方を使う．飽和で直鎖の炭化水素（アルカン）では，その分子式はC_nH_{2n+2}であるが，アルケンでは，C_nH_{2n}である．それで，飽和炭化水素より水素原子2個少ないものを，不飽和度が1であるという．ここで注意しなければならないのは，環を作っている化合物ではアルカンでも，直鎖のアルカンよりも水素原子が2個少ないことである．それで，修正して，不飽和度1の化合物は二重結合1個か環が1個ある化合物であるという．不飽和度が2または3の化合物は，同様にして，次の構造をもつ化合物である．

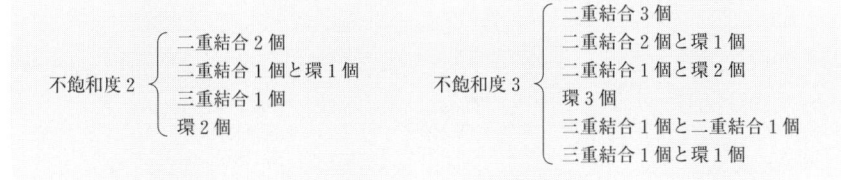

不飽和度2 $\begin{cases} 二重結合2個 \\ 二重結合1個と環1個 \\ 三重結合1個 \\ 環2個 \end{cases}$ 　　不飽和度3 $\begin{cases} 二重結合3個 \\ 二重結合2個と環1個 \\ 二重結合1個と環2個 \\ 環3個 \\ 三重結合1個と二重結合1個 \\ 三重結合1個と環1個 \end{cases}$

アルキンの三重結合も，アルケンの二重結合と同じく不飽和結合である．したがって，三重結合に対する付加反応も進行する．この場合，臭素が1分子付加してもまだ二重結合が残っているので，もう1分子，つまり最終的には，2分子の臭素付加が起こる．このような反応式を書く場合，有機化学では，有機化合物にのみ注目して，下のように，反応する無機化合物は，矢印の上に書くだけにすることがある．

$$HC\equiv CH \xrightarrow{Br_2} BrCH=CHBr \xrightarrow{Br_2} Br_2CHCHBr_2$$

問題4.13 エチンが塩素と反応する式を書け．

エチンに対しては，塩化水素や水の付加も起こるのだが，エテンの場合よりかなり遅いので，触媒を使う必要がある．その反応式を下に示す．

$$HC\equiv CH + HCl \xrightarrow{ZnCl_2} CH_2=CHCl$$

$$HC\equiv CH + H_2O \xrightarrow{HgCl_2} CH_2=CHOH$$

エチンに水が付加してできる化合物の構造については，さらに第6章で学習するが，さしあたりは，囲み記事を参照してほしい．この反応に際して，水銀イオンを触媒に使っていたことが，水俣病の原因となった．現在では，この反応は工業的にはもちろん，研究室でも行われることはなく，歴史上の反応となった．

互変異性

普通の異性体は，結合を切ってつけかえなければ変換できないから，異性体間の変換は簡単ではない．しかし，中には，そのような変換が，室温でも簡単に起こるものがある．そのような化合物を，互変異性体という．エチンに水が付加してできた化合物 $CH_2=CHOH$ とその異性体 $CH_3CH=O$ とがその例である．この2つのうちでは，$CH_3CH=O$ が安定で，生成した $CH_2=CHOH$ はすぐに $CH_3CH=O$ に変わってしまう．このことについては，また第6章で学習する．

エチンは，比較的酸性が強く，液体アンモニア中で，ナトリウムアミドを作用させると，その塩を作ることが知られている．この反応は，三重結合を作った炭素に水素が残っていれば起こるものである．

$$HC\equiv CH + NaNH_2 \longrightarrow HC\equiv CNa + NH_3$$

問題4.14 プロピンがナトリウムアミドと反応する式を書け．

章末問題

4.1 次の構造式を水素原子を書いたものに改めよ．

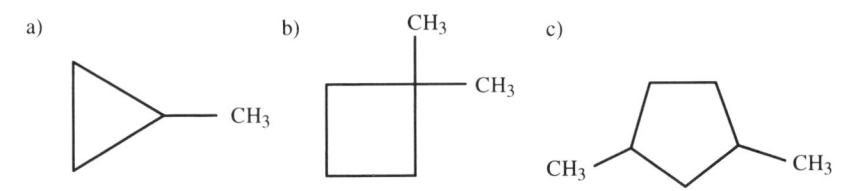

a)　　　　　　　b)　　　　　　　c)

4.2 次の分子式をもつ化合物の異性体を構造式で示せ．

　　　　　　a)　　C_4H_8　　　　b)　　C_3H_4

4.3 次の分子式をもつ化合物の異性体を構造式で示せ．

　　　　a)　　C_4H_6　　　b)　　C_4H_4　　　c)　　C_5H_8

4.4 次の反応の生成物の構造を書け．

　　　　　　a)　　$CH_3CH=CH_2 + Cl_2 \longrightarrow$

　　　　　　b)　　$CH_3CH=CHCH_3 + Cl_2 \longrightarrow$

　　　　　　c)　　$CH_3-\underset{\underset{CH_3}{|}}{C}=CH_2 + Cl_2 \longrightarrow$

4.5 次の反応で生成する物質の構造は何か．

a)  $CH_3CH=CCH_3 + HCl \longrightarrow$
   　　　　$|$
   　　　CH_3

b) 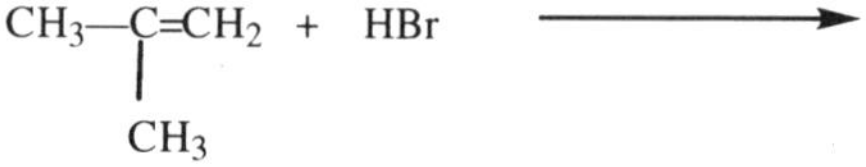 $CH_3-C=CH_2 + HBr \longrightarrow$
   　　　$|$
   　　CH_3

c) $CH_3-C=CH_2 + H_2O \xrightarrow{酸}$
   　　　$|$
   　　CH_3

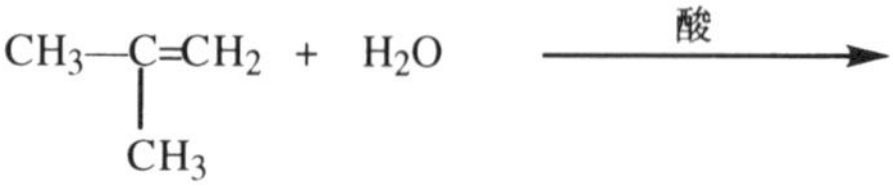

4.6 次のアルキンに，水素および臭素を，1分子および2分子付加させたときにできる化合物の構造式を示せ．

　　a)　　$CH_3C{\equiv}CH$　　　　b)　　$CH_3C{\equiv}CCH_3$

4.7 次のアルキンに，ナトリウムアミドを反応させたときの式を書け．

　　a)　　$CH_3CH_2C{\equiv}CH$　　b) 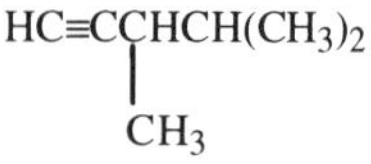　　$HC{\equiv}CCHCH(CH_3)_2$
　　　　　　　　　　　　　　　　　　　　　　　$|$
　　　　　　　　　　　　　　　　　　　　　　CH_3

5. 有機ハロゲン化合物と有機金属化合物

　これまで，アルカンと塩素の混合物に光を当てると，置換反応が起こって，塩素を含む化合物が生成することを学習した．このほか，ハロゲンを含む化合物は，アルコールとハロゲン化水素の反応や，アルケンに塩化水素を付加させたり塩素を付加させたりしても，生成する．塩素や臭素は，ハロゲンと呼ばれ，よく似た性質を示すことがわかっている．有機化合物にこれらハロゲンが導入されても，同じように，よく似た性質を示すので，これらを一括して，**有機ハロゲン化合物**という．

　有機ハロゲン化合物は，海水中に棲む生物から発見されたものもあるが，大部分は，人工的に作られたものである．これらは，有機合成化学で重要な役目をしている．有機ハロゲン化合物について調べよう．

5.1　有機ハロゲン化合物の命名と構造

　有機ハロゲン化合物は，ハロゲンがアルカンの水素を置換したものとして命名される．この時，フッ素，塩素，臭素，ヨウ素の原子に対して，それぞれ，フルオロ，クロロ，ブロモ，ヨードの置換基名を与える．メチル基の場合と同様，同じ置換基が2個あれば，置換ハロゲンの前にジをつける．

　　例： CH_3Cl　　　クロロメタン
　　　　 CH_3CH_2Br　ブロモエタン
　　　　 $(CH_3)_2CHI$　2-ヨードプロパン

問題5.1 次の化合物に命名せよ．

a) $CH_3CH_2CH_2Br$

b) $CH_3CHCH_2CH_3$
      |
      I

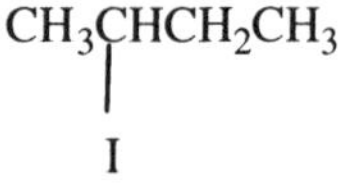

c) $CH_3CCH_2CH_3$ (中央の炭素に上下Cl)
   Cl, Cl

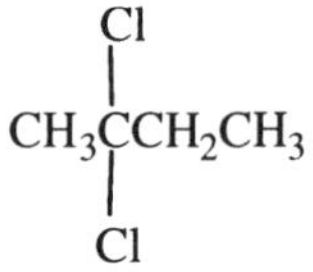

d) $BrCH_2CH_2CH_2Br$

飽和の有機ハロゲン化合物を総称する場合には，ハロアルカンということがある．

ハロゲン置換アルカンの一般式は，塩素が1個の場合 $C_nH_{2n+1}Cl$，塩素が2個の場合 $C_nH_{2n}Cl_2$ となる．つまり，ハロゲンをそのまま水素に置き換えて，その不飽和度を知ることが可能である．

問題5.2 次の分子式をもつ化合物の不飽和度はいくつか．

a) C_4H_7Br b) $C_3H_4Cl_2$

不飽和結合をした炭素にハロゲンが直接結合した化合物も知られている．その中で最も重要なのはクロロエテンである．この化合物は，塩化ビニルとも呼ばれ，工業的に重要である．

$CH_2=CHCl$ クロロエテン（塩化ビニル）

5.2 有機ハロゲン化合物の反応

有機ハロゲン化合物の反応性は，ハロゲンの種類によっても異なるが，ハロゲンがどのような炭素原子についているかでも，大きく異なる．アルコールの場合と同じく，ハロゲンのついている炭素原子に2個の水素原子がついている場合（メチルは例外）に第1級ハロゲン化合物，その炭素原子に1個の水素原子がついている場合に第2級ハロゲン化合物，炭素原子に水素がない場合を第

3級ハロゲン化合物という.

また，ハロゲン化合物の反応性は，一般に，ヨウ素化合物が最も反応しやすく，臭素化合物，塩素化合物の順に，反応性が減少する.

5.2.1 置換と脱離の反応

有機ハロゲン化合物に水酸化ナトリウム水溶液を作用させると，ハロゲン化合物が第1級のとき，ハロゲンがヒドロキシル基に置き換わった化合物が生成する．これも，原子が置き換わる反応であるので，置換反応の1種である．ブロモエタンを例にとると，その反応は次のように表すことができる．生成物はエタノールである．

$$CH_3CH_2Br + NaOH \longrightarrow CH_3CH_2OH + NaBr$$

このとき，どのような反応が起こっているのかを考えてみると，水酸化ナトリウムはナトリウム陽イオンと水酸化物イオンとからできているから，要するにブロモエタンと水酸化物イオンとの反応が起こって，ブロモエタンから臭化物イオンが追い出され，代わりに水酸化物イオンが有機化合物に入って，ヒドロキシル基になったということである．このとき，ナトリウムイオンは反応に関係していないから，これは反応式に書かなくてもよいであろう．それで，有機化学では，この反応をしばしば，次の式で表す．

$$CH_3CH_2Br + OH^- \longrightarrow CH_3CH_2OH + Br^-$$

このような反応は，イオンが関係した反応であるので，**イオン反応**ということが多い．同じような種類の反応で，エタノールにナトリウムを加えて生成するイオン性化合物CH_3CH_2ONa（ナトリウムエトキシド）をヨードメタンと反応させると，ヨード置換基がエトキシ基（CH_3CH_2O）に置き換わった化合物ができる．この反応は，次の式で表すことができる．

$$CH_3I + CH_3CH_2O^- \longrightarrow CH_3OCH_2CH_3 + I^-$$

ここに生成した化合物は，C-O-Cの結合をもっているから，エーテルの一種である．それで，この反応はエーテルを作るのに便利な反応である．特に，

原子の電気陰性度と分子の極性

　裏見返しにある周期表をみると，ハロゲンは右端から2番目のところにある．炭素は（空いているところを無視すると）真中辺に，よく知っているナトリウムなどの金属は左端にある．炭素原子が，ほかの原子と違って，いろいろな原子と結合して安定な化合物を作る秘密は，炭素原子が周期表第2周期の真中辺にあることと関連している．

　共有結合は，2個の原子が2個の電子を共有することによってできるのだが，結合に参加した電子は2個の原子の真中に存在するのでなく，一方の原子に片寄ることがある．これは，原子によって電子を引きつける能力が違うからである．この電子を引きつける能力が強いことを，元素の電気陰性度が大きいという．電気陰性度は，周期表の右の方で大きく，周期表の上の方で大きい．ハロゲンは，炭素に比べて電気陰性度が大きいので，炭素・ハロゲンの結合では，炭素はプラス，ハロゲンはマイナスの電気を帯びる傾向がある．これが，有機ハロゲン化合物がいろいろな試薬と反応しやすい理由の1つになっている．

　電気陰性度の違う原子が結合しているとき，その結合には極性があるという．有機ハロゲン化合物は，水に溶けるほど極性が大きくはないが，炭化水素よりは極性が強い．また，炭素と水素は電気陰性度がほとんど同じで，炭素・水素結合には極性がない．極性がきわめて小さいことを非極性ということがある．

18族元素を除いた周期表

H																
Li	Be										B	C	N	O	F
Na	Mg										Al	Si	P	S	Cl
K	Ca	Sc	Ti	V	Cr	Mn	Fe	Co	Ni	Cu	Zn	Ga	Ge	As	Se	Br
Rb	Sr	Y	Zr	Nb	Mo	Tc	Ru	Rh	Pd	Ag	Cd	In	Sn	Sb	Te	I
Cs	Ba	*	Hf	Ta	W	Re	Os	Ir	Pt	Au	Hg	Tl	Pb	Bi	Po	At
Fr	Ra	**	*ランタン系列元素　　**アクチニウム系列元素													

電気陰性度増大（上方向）
電気陰性度増大 →

図 5.1　周期表の概念図と電気陰性度の矢印

両側のアルキル基が異なるエーテルを作るのに都合がよい．この反応を**ウィリアムソン（Williamson）のエーテル合成**という．

問題5.3 ヨードエタンにナトリウムエトキシドを作用させたときの生成物を予測せよ．

以上は，イオン性置換反応の代表的な例であるが，そのほかにも，有機ハロゲン化合物のイオン性物質による置換反応は数多く知られている．そのいくつかについて，例をあげよう．

適当なハロゲン化物を用いて，有機ハロゲン化合物のハロゲンを入れかえることもできる．この際，特に，塩素や臭素の化合物をヨウ素の化合物にすることが多い．それは，ヨウ化ナトリウムなどの塩が有機溶媒に溶けやすく，また生成したヨウ化物が反応性が高く，有機合成反応に多用されるからである．

$$CH_3CH_2CH_2Br + NaI \longrightarrow CH_3CH_2CH_2I + NaBr$$

有機ハロゲン化合物にシアン化ナトリウムを作用させると，ハロゲンの代わりにシアノ（CN）基の入った化合物ができる．これは，有機化合物の中で炭素原子を1つ増やす方法になるので，有機合成反応に多用される．

$$CH_3CH_2I + NaCN \longrightarrow CH_3CH_2CN + NaI$$

例題5.1 次の化合物を合成したい．どのような薬品（試薬）を使えばよいか示せ．有機ハロゲン化合物とともに，無機化合物も示すこと．

$$CH_3CH_2CH_2CH_2CN$$

［解答］この化合物はC_5の化合物であるが，これまで学習した中では，C_4のハロゲン化合物にシアン化ナトリウムを作用させれば合成可能である．C_4化合物として，1-ブロモブタンを使うとすれば，次の式で表す方法がある．もちろん，1-ヨードブタンを1-ブロモブタンの代わりに使うこともできる．

$$CH_3CH_2CH_2CH_2Br + NaCN \longrightarrow CH_3CH_2CH_2CH_2CN + NaBr$$

例題5.2 次の反応式の右辺にはどのような物質を書けばよいか.

$$CH_3CH_2I + NaCN \longrightarrow$$

［解答］ これはシアン化物イオンによるヨウ素の置換反応であるから，生成物はCH_3CH_2CNとなる.

問題5.4 次の反応の生成物の構造式を書け.

a) $CH_3CH_2CH_2Br + NaOH \longrightarrow$

b) $CH_3CH_2Br + NaOCH_2CH_2CH_3 \longrightarrow$

c) $CH_3CH_2I + NaOCH_3 \longrightarrow$

d) $CH_3CH_2CH_2Cl + NaI \longrightarrow$

e) $CH_3CH_2CH_2CH_2I + NaCN \longrightarrow$

これまで，いろいろなイオン化合物と有機ハロゲン化合物の反応を扱ってきたが，そこに出る例は，いずれも第1級のハロゲン化合物であった．ハロゲン化合物が第2級や第3級であったらどうなるのだろう．この話を進めるに当たっては，はっきりとした違いを示す第3級の化合物から話を始めよう．

第3級ハロゲン化合物の代表は，塩化t-ブチルという化合物である．この化合物の正式名は2-クロロ-2-メチルプロパンであるが，塩化t-ブチルと呼ばれる方が多い．この化合物の構造と水酸化ナトリウムを反応させたときの生成物の構造は，次の反応式に示してある．

$$\underset{\underset{CH_3}{|}}{\overset{\overset{CH_3}{|}}{CH_3CCl}} + NaOH \longrightarrow \underset{\underset{CH_3}{|}}{\overset{\overset{CH_3}{|}}{CH_2=C}}$$

5.2 有機ハロゲン化合物の反応

すなわち，このような反応では，ハロゲンを置換する反応ではなく，ハロゲン化水素（この場合には塩化水素）がなくなって，アルケンが生成する．このような，飽和化合物から簡単な分子が失われて，不飽和化合物が生成する反応を**脱離反応**という．前章で学習したアルコールからアルケンが生成する反応も脱離反応の1種である．

塩化 t-ブチルは，その他のイオン性化合物と反応しても，たいていの場合2-メチル-1-プロペンを作ってしまって，t-ブチルアルコールすなわち2-メチル-2-プロパノールなどの置換化合物が生成することはほとんどない．比較的多量の置換化合物を作る例に，塩化 t-ブチルを水と加熱するものがある．しかし，この場合でも，t-ブチルアルコールが生成する割合は，わずか20%である．

$$\underset{}{\begin{array}{c}CH_3\\|\\CH_3CCl\\|\\CH_3\end{array}} + H_2O \longrightarrow \underset{80\%}{\begin{array}{c}CH_3\\|\\CH_2=C\\|\\CH_3\end{array}} + \underset{20\%}{\begin{array}{c}CH_3\\|\\CH_3COH\\|\\CH_3\end{array}}$$

第2級の有機ハロゲン化合物では，どんなことが起こるのだろう．一般には，第1級と第3級の中間の性質を示すといわれる．第2級ハロゲン化合物の置換反応は，第1級のハロゲン化合物に比べて，その速度が遅い．しかし，脱離反応も，第3級化合物に比べると遅くなっている．そして，第3級に比べていくらか置換化合物の生成する割合が多くなるが，それでも脱離反応が優勢なことが多い．置換と脱離のどちらが起こりやすいかを考える際には，その陰イオンに水素イオンをつけてできる酸の酸性が強いほど置換反応が起きやすく，酸が弱ければ脱離が起きやすいと考えるとよい．アルコールやシアン化水素は弱い酸であるから，アルコキシドやシアン化物イオンでは脱離反応が起こりやすく，ヨウ化水素は強い酸であるから，ヨウ化物イオンでは置換が起こりやすい．

例題5.3 次の反応の生成物は何か．

$$\text{CH}_3\text{CHCH}_3 \text{ (Br)} + \text{NaCN} \longrightarrow$$

[解答] シアン化物イオンは弱い酸からできるイオンであるから，脱離が起きやすい．よって，主な生成物は$\text{CH}_3\text{CH}=\text{CH}_2$である（約20%の置換生成物もできる）．

問題5.5 次の反応の生成物の構造を書け．

a) $$\text{CH}_3\text{CHCH}_3 \text{ (Br)} + \text{NaOCH}_3 \longrightarrow$$

b) $$\text{CH}_3\text{CHCH}_3 \text{ (Br)} + \text{NaI} \longrightarrow$$

クロロエテンのように，不飽和結合をした炭素にハロゲンがついている場合には，上記のような置換反応は非常に遅い．それで，これらの化合物に置換反応を行わせて，化合物変換をすることは，実際上不可能である．

5.2.2 脱離反応の起こる向き

第3級有機ハロゲン化合物では，脱離反応が優先することがわかった．この際，塩化t-ブチルでは問題にならないが，そのほかの第3級ハロゲン化合物では問題になることがある．それは，ハロゲン化水素となる水素がどの炭素からくるか，すなわち，脱離反応の方向である．一番簡単な例として，2-クロロ-2-メチルブタンを考えてみよう．

$$\text{CH}_3\text{CH}_2\overset{\overset{\displaystyle \text{CH}_3}{|}}{\underset{\underset{\displaystyle \text{CH}_3}{|}}{\text{C}}}\text{Cl} \quad \text{2-クロロ-2-メチルブタン}$$

この化合物から塩化水素がとれるときに，その水素がエチル基からくるとするとその生成物は2-メチル-2-ブテンとなり，メチル基の水素だとすると，その生成物は2-メチル-1-ブテンとなる．

$$\underset{\text{2-メチル-2-ブテン}}{\text{CH}_3\text{CH}=\overset{\overset{\text{CH}_3}{|}}{\underset{\underset{\text{CH}_3}{|}}{\text{C}}}} \qquad \underset{\text{2-メチル-1-ブテン}}{\text{CH}_3\text{CH}_2\overset{\overset{\text{CH}_2}{||}}{\underset{\underset{\text{CH}_3}{|}}{\text{C}}}}$$

実際には，2-メチル-2-ブテンの方が多く生成する．このような現象は，「脱ハロゲン化が起こる反応では，炭素・炭素二重結合は，なるべく置換基が多くなるような方向で水素がとれる」とまとめられている．これを**セイチェフ（Saytzeff）の法則**という．

問題5.6 次の化合物に水酸化ナトリウムを作用させたときに，主に生成する化合物は何か，推定せよ．

  a) $\text{CH}_3\text{CH}_2\text{CH(Br)CH}_2\text{CH}_3$ b) $\text{CH}_3\text{CH}_2\text{CH(Cl)CH}_3$

  c) $\text{CH}_3\text{CH}_2\underset{\underset{\text{Br}}{|}}{\overset{\overset{\text{CH}_3}{|}}{\text{C}}}\text{CH}_3$ d) $\text{CH}_3\text{CH}_2\underset{\underset{\text{Cl}}{|}}{\overset{\overset{\text{CH}_3}{|}}{\text{C}}}\text{CH}_2\text{CH}_3$

  e) $\text{CH}_3\underset{\underset{\text{Br}}{|}}{\overset{\overset{\text{CH}_3}{|}}{\text{C}}}\text{CH(CH}_3)_2$ f) $\text{CH}_3\text{CH}_2\underset{\underset{\text{Cl}}{|}}{\overset{\overset{\text{CH}_3}{|}}{\text{C}}}\text{CH(CH}_3)_2$

5.2.3 金属との反応 —— 有機金属化合物の生成

有機ハロゲン化合物に金属マグネシウムを作用させると，有機合成化学で重要な役割をする有機マグネシウム化合物が得られる．この化合物を**グリニャール（Grignard）試薬**という．ブロモエタンを例にとると，次の反応が起こる．生成物は，臭化エチルマグネシウムと呼ばれる．

$$\text{CH}_3\text{CH}_2\text{Br} \longrightarrow \text{CH}_3\text{CH}_2\text{MgBr}$$

　この種の反応は，多くの有機ハロゲン化合物に応用でき，分子内に2個マグネシウムが入った化合物を作ることもできるが，隣り合わせの炭素に，それぞれマグネシウムが入った化合物を作ることはできない．その理由は，1,2-ジハロアルカンにマグネシウムを作用させると，脱ハロゲン化（脱離反応の1種）が起こって，アルケンが生成してしまうからである．

$$\text{BrCH}_2\text{CH}_2\text{Br} + \text{Mg} \longrightarrow \text{CH}_2=\text{CH}_2 + \text{MgBr}_2$$

　クロロエテンとマグネシウムの反応は非常に遅いが，ブロモエテンならば，マグネシウムと反応して，グリニャール試薬を作ることができる．このグリニャール試薬は，ほかのハロアルカンから誘導されたものと同様に反応する．
　マグネシウムは，周期表上では左の方にあるから，マグネシウムと炭素の結合では，炭素の方に電子が片寄っている．そのため，無機化学で学習するようにマグネシウムがMg^{2+}であるとすれば，炭素は負電荷をもったイオンであるということになる．実際には，炭素は負イオンにはなっていないが，それでも，負イオンと考えれば理解できる反応を起こす．その典型的な例は，第6章で学習するが，ここでは，グリニャール試薬と水との反応を示しておこう．

$$\text{CH}_3\text{CH}_2\text{MgBr} + \text{H}_2\text{O} \longrightarrow \text{CH}_3\text{CH}_3 + \text{Mg(OH)Br}$$

例題5.4　臭化エチルマグネシウムと水との反応で，なぜエタンができるのか，説明せよ．
　［解答］　臭化エチルマグネシウム中では，エチルはCH_3CH_2^-に近い．一方，水の中では，電子が酸素の方に片寄り，水素は正電荷を帯びる傾向がある．これら正と負の電荷をもったものがくっついて炭素・水素の結合ができる．この生成物CH_3CH_2-Hはエタンそのものである．

　この反応は，もとあったハロゲンを水素に置換できることを示している．この反応は，ときに有機合成化学に利用されることがある．

問題5.7 2-ブロモプロパンをプロパンにする方法を考えよ．

また，すでに出てきたように，エチンは，ナトリウム塩を作ることができる．このことからわかるように，エチンはいくぶん酸の働きをするから，グリニャール試薬とエチンとの反応も同様の結果をもたらす．しかし，ここにできる臭化エチニルマグネシウムもまたグリニャール試薬の一種で，ほかのグリニャール試薬と同様の反応を行う．

$$CH_3CH_2MgBr + HC\equiv CH \longrightarrow CH_3CH_3 + HC\equiv CMgBr$$

ハロアルカンに金属リチウムを作用させると，有機リチウム化合物ができる．この化合物も，グリニャール試薬と同様な反応を行い，有機合成化学に広く利用されている．

$$CH_3CH_2Br + 2\,Li \longrightarrow CH_3CH_2Li + LiBr$$

ハロアルカンに金属ナトリウムを作用させると，アルキルナトリウムができるのではなくて，2つのアルキル基がくっついた化合物ができる．この反応は**ウルツ（Wurtz）の反応**と呼ばれる．途中にアルキルナトリウムができているのかもしれないが，はっきりとした証拠はない．

$$2\,CH_3CH_2Br + 2\,Na \longrightarrow CH_3CH_2CH_2CH_3 + 2\,NaBr$$

チーグラー−ナッタ（Ziegler−Natta）の触媒

エテンやプロペンから得られる物質として，ポリエチレンやポリプロピレンがよく知られている．これらは，アルケンが多数分子付加反応を行ってできた分子量の大きな物質（高分子）である．多数の分子が逐次反応して高分子を作ることを重合するといい，生成する物質を重合体またはポリマーという．ポリエチレンやポリプロピレンという名称は，これらがエテン（エチレン）やプロペン（プロピレン）の重合体であることを示している．ポリエチレンは高温高圧のもとでエテンを重合させても作ることができるが，プロペンを同様な条件で重合させることはできない．チーグラー−ナッタの触媒は，エテンやプロペンを室温かつ大気圧下で重合させることを可能にした，画期的な触媒であった．この触媒は，有機アルミニウム化合物にチタンの塩を加えて作るもので，有機金属化合物の一種である．

問題5.8 1-ブロモプロパンに金属ナトリウムを作用させたときに生成する化合物の構造を予測せよ．

マグネシウム化合物やリチウム化合物に代表されるような，炭素と金属との間に結合ができた化合物をまとめて，**有機金属化合物**という．有機金属化合物は，合成試薬としてまた合成の触媒として，今日の有機化学では重要な役割を果たしている．

章 末 問 題

5.1 次の分子式をもつ化合物に可能な構造式をすべて書け．ただし，環状化合物の構造式は除く．

    a) C_4H_9Br b) $C_3H_6Cl_2$

    c) C_4H_7Cl d) $C_3H_4Cl_2$

5.2 次の分子式に可能な構造式を，環状構造も含めてすべて書け．

    a) C_3H_5Cl b) $C_4H_6Cl_2$

5.3 次の反応の主な生成物は何か．構造式を書いて示せ．

  a) $CH_3CH_2CH_2CH_2I\ +\ NaOH\ \longrightarrow$

  b) $CH_3CH_2CH_2Br\ +\ NaOCH_2CH_2CH_3\ \longrightarrow$

  c) $CH_3CHCH_3\ +\ NaI\ \longrightarrow$
     $|$
     Cl

  d) $CH_3CHCH_3\ +\ NaOCH_3\ \longrightarrow$
     $|$
     I

      CH_3
      $|$
  e) $CH_3-C-CH_3\ +\ NaOH\ \longrightarrow$
      $|$
      I

f) $\underset{\underset{Br}{|}}{\overset{\overset{CH_2CH_3}{|}}{CH_3-C-CH_3}}$ + NaOCH$_3$ ⟶

g) CH$_3$CHCH$_2$CH$_3$ + NaCN ⟶
       |
       Br

5.4 次の化合物に水酸化ナトリウムを作用させたときに予想される主な生成物の構造式を書け.

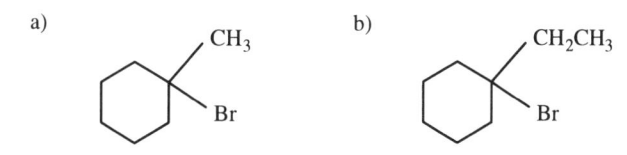

a) 1-メチル-1-ブロモシクロヘキサン

b) 1-エチル-1-ブロモシクロヘキサン

5.5 次の反応の生成物は何か. 一段階ごとに示せ.

a) CH$_3$CH$_2$CH$_2$CH$_2$I $\xrightarrow{\text{Mg}}$ $\xrightarrow{\text{H}_2\text{O}}$

b) CH$_3$CH$_2$CH$_2$Br $\xrightarrow{\text{Mg}}$ $\xrightarrow{\text{HC≡CH}}$

5.6 次の化合物に金属ナトリウムを作用させたときに生成するものは何か.

a) CH$_3$CH$_2$Br

b) CH$_3$CH$_2$CH$_2$CH$_2$I

6. アルデヒドとケトン

　第2章では，アルコールを酸化すると，アルコールよりも水素原子が2個少ない化合物ができることを学習した．これらの化合物は，アルデヒドまたはケトンと呼ばれる．これらの化合物は，どのような構造をしているのか，どのようにして命名するのか，またそれらはどのような反応をするのか，学習することにしよう．

6.1　アルデヒドとケトンの構造と命名

　例題6.1　エタノールを酸化したときに得られる，分子式C_2H_4Oに可能な構造式を書いてみよ．
　［解答］　この分子式は不飽和度1に当たる．それで，二重結合または環を1個もっていることになる．次の構造式が可能である．

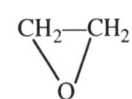

$$CH_2=CHOH \qquad CH_3CH=O \qquad \underset{O}{CH_2\!-\!CH_2}$$

　これらの化合物がエタノールからできたとすると，第3の環状化合物は，反応における原子最少移動の法則からして，可能性がうすい．また，最初の構造では，金属ナトリウムを加えても，ほとんど水素を発生しないという事実を説明できない．それで，もっともらしい構造は，$CH_3CH=O$であるということになる．実際，この構造式は，これから学習する化学的性質とも矛盾しない．炭

素原子は，炭素原子同士ばかりでなく，酸素原子とも二重結合を作れることがわかる．

ここに出てきたように，-CH=Oの原子団を含む化合物を**アルデヒド**という．アルデヒドは慣用名で呼ばれるものも多く，$CH_3CH=O$をアセトアルデヒドと呼ぶほか，$HCH=O$をホルムアルデヒドと呼ぶ人も多い．また，CH=Oは必ず炭素鎖の末端にこなければならないので，CHOと略しても紛れることはない．

問題6.1 炭素の鎖の途中に-CHOを入れる（置換ではなく）ことができるか，構造式を書いて試してみよ．

酸素を含む分子式の不飽和度と構造式

酸素を含んだ化合物の分子式が与えられたとき，その分子の不飽和度はどのように考えればよいのだろう．アルコールのときにみたように，酸素は2個の原子と結合する．飽和炭化水素から誘導されるアルコールは，炭化水素の水素1個をOHで置換したものだから，$C_nH_{2n+2}O$の分子式をもち，飽和炭化水素の分子式に単に酸素原子が加わっただけである．一般に，酸素を含む化合物の不飽和度は，酸素を除いた炭素と水素の割合だけで考えればよい．

不飽和度が1の化合物については，炭素・炭素二重結合や炭素・酸素二重結合，それに環状構造を考えることができるが，炭素・炭素二重結合を作っている炭素原子に直接ヒドロキシル基がついた構造（エノール構造）は不安定であるので，構造式を書くときに除外をしてもよい．すなわち，$CH_3CH=O$を考えれば，$CH_2=CHOH$は考えなくてよい．（51ページ参照）

例題6.2 分子式C_3H_6Oをもつ化合物の構造式を書け．ただし，環状構造は考えなくてよいものとする．

［解答］この化合物は，不飽和度1であるから，二重結合が1個である（環状構造は考えなくてよいことになっているから，可能性はこれだけである）．これを満足する構造式には，次の5個があるが，エノールを考えないことにすると，答は，最初の3種ということになる．

a) $CH_3CH_2CH=O$ b) $CH_3C(=O)CH_3$ c) $CH_2=CHCH_2OH$

d) $CH_3CH=CHOH$ e) $CH_3C(OH)=CH_2$

アルデヒドの系統名はalkaneの語尾からeを除き，代わりにalをつけて命名する．したがって，ホルムアルデヒドおよびアセトアルデヒドは，それぞれメタナール（methanal）およびエタナール（ethanal）である．また，-CHOを置換基として命名するときには，ホルミルという基名を与える．

問題6.2 次の化合物に命名せよ．

a) CH_3CH_2CHO b) $CH_3CH_2CH_2CHO$ c) $CH_3CH_2CH_2CH_2CHO$

第2章では，第2級アルコールを酸化しても，アルコールよりも水素原子が2個少ない化合物が生成することを知った．これらの化合物も，炭素・酸素の二重結合をもった化合物であり，アルデヒドとよく似た反応性を示すことが多い．このような化合物を**ケトン**という．ケトンは，アルデヒドと違って，鎖の途中にある（末端でない）炭素原子が，酸素原子と二重結合でつながっている分子である．

ケトンの構造は，例えば

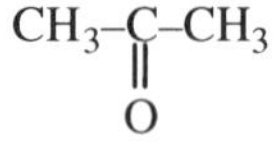

$$CH_3-\underset{\underset{O}{\|}}{C}-CH_3$$

のように書くべきであるが，簡単で，間違いが起こらない場合には，CH_3COCH_3のように，簡略化して書くこともできる．

ケトンは，alkaneの語尾eをoneに変えて命名する．ケトンは，二重結合をした炭素の位置によって異性体ができるので，命名に当たっては，その位置番号をつける．ただし，最も小さいケトン（CH_3COCH_3プロパノン）には異性体がないので番号をつけないことが多く，またアセトンと慣用名で呼ばれることが多い．

例：
$$\underset{\text{2-ペンタノン}}{CH_3CH_2CH_2\overset{\Vert}{\underset{O}{C}}CH_3} \qquad \underset{\text{3-ヘキサノン}}{CH_3CH_2CH_2\overset{\Vert}{\underset{O}{C}}CH_2CH_3}$$

アルデヒドやケトンの性質はよく似ているので，これらをまとめて呼ぶ名前があれば便利である．これらは，**カルボニル化合物**と呼ばれる．

$CH_3C(=O)-$ を置換基として命名しなければならないときには，アセチルの基名が用いられる．

例題6.3 分子式 C_4H_8O をもつ化合物に可能な構造式を書け．ただし，カルボニル基が含まれるものとする．

［解答］この分子式は不飽和度1であるから，カルボニル基があれば，後は二重結合や環は存在しない．これまでにやってきた炭素の鎖を並べてから考えることも可能であるが，ここでは，カルボニル基に着目して，その後，炭化水素部分を考える方法でやってみよう．

まず，アルデヒドであるとすれば，CHOの基が含まれるから，これを分子式から差し引くと，C_3H_7 が残る．これは $CH_3CH_2CH_2-$ か $(CH_3)_2CH-$ の可能性がある．次にケトンであるとすれば，分子式からCOを引かなければならない．すると C_3H_8 が残る．これは2つの基でなければならないから，その分かれ方は，CH_3- と CH_3CH_2- との組合せだけが可能である．$CH_3CH_2CH_2$ とHとに分けることも可能であるが，それではアルデヒドになってしまう．よって，与えられた分子式に相当するカルボニル化合物は，次の3種である．

$CH_3CH_2CH_2CHO \qquad (CH_3)_2CHCHO \qquad CH_3CH_2COCH_3$ ∎

6.2 カルボニル化合物の反応

アルデヒドやケトンは，それらがもつカルボニル基に特有の反応と，カルボニル基の隣の炭素上に起こる反応とに特徴がある．まず，カルボニル基の反応

から始めよう．

6.2.1 カルボニル基への付加反応

炭素と酸素の二重結合も，炭素・炭素二重結合と同じく，不飽和結合である．したがって，カルボニル基にも種々の付加反応が起こる．ただし，この場合は，アルケンとは違って，試薬が付加する方向は決まっている．炭素と酸素の電気陰性度から予想されるように，炭素は正電荷を帯びる傾向があり，酸素は負電荷を帯びる傾向があるからである．このような場合，有機化学ではδを使って，部分的に正電荷や負電荷を帯びていることを示す．

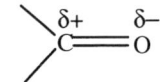

$$\underset{\delta+}{\text{C}}=\underset{\delta-}{\text{O}}$$

水がアルデヒドのカルボニル基に付加するのは，その一例である．しかし，この付加反応は，逆の方向にも進行する．そして，ふつう付加によって生成する化合物（**水和物**という）よりも，水とアルデヒドに分かれた方が安定であるので，結局，付加は起こらないことになってしまう．

$$CH_3CH=O + H_2O \rightleftharpoons CH_3CH(OH)_2$$

例外は，メタナール（ホルムアルデヒド）である．この化合物では，付加した化合物の方が安定で，付加物として存在する．

$$HCH=O + H_2O \rightleftharpoons CH_2(OH)_2$$

ケトンの場合には，さらにアルデヒドよりも水の付加物ができにくい．ケトンでは，非常に特殊な例を除いて，水の付加物は知られていない．

問題6.3 トリクロロエタナール（$CCl_3CH=O$）に水が付加した化合物の構造を書け．

付加した化合物の方が生成しやすい例もある．それは，アルデヒドにシアン化水素（HCN）が付加する反応である．このとき生成する物質を，**シアノヒ**

> **可逆反応**
>
> ある化学反応が，反応式で左から右に行くだけでなく，右から左への逆反応も進行しやすい例が知られている．このような化学変化を可逆反応という．本文にある，アルデヒドへの水の付加もその例であるが，すでに出てきた，カルボニル化合物がエノールになる変化も，可逆反応の一種である．可逆反応は，逆向きの片矢印2本を用いて表すことが多い．
>
> $$CH_3CH=O \rightleftarrows CH_2=CHOH$$
>
> カルボニル形　　　　　　　　エノール形
>
> 可逆反応で，右辺と左辺のどちらに行きやすいかは，その辺にある化合物の安定性による．化合物の安定性は，そこで生成する化学結合のエネルギーと関係している．

ドリンという．シアノヒドリンとは，同じ炭素原子にヒドロキシル基とシアノ基（-CN）とがついた化合物のことである．

$$CH_3CH=O + HCN \longrightarrow CH_3CH(OH)CN$$

問題6.4 プロパナールにシアン化水素が付加した化合物の構造式を書け．

カルボニル基に塩化水素が付加をすることもできる．

$$CH_3CH=O + HCl \longrightarrow CH_3CH(OH)Cl$$

問題6.5 ブタナールに塩化水素が付加したときにできる化合物の構造を書け．

問題6.5で生成する化合物は，**クロロヒドリン**と呼ばれる．この化合物も，水にあうと不安定で，水がカルボニルに付加した水和物を経て，もとのカルボニル化合物に戻ってしまう．

$$\diagdown\!\!\!\diagup C = O \; + \; HCl \; \longrightarrow \; \diagdown\!\!\!\diagup C \diagdown^{Cl}_{OH}$$

$$\diagdown\!\!\!\diagup C \diagdown^{Cl}_{OH} \; + \; H_2O \; \longrightarrow \; \diagdown\!\!\!\diagup C \diagdown^{OH}_{OH} \; + \; HCl$$

$$\diagdown\!\!\!\diagup C \diagdown^{OH}_{OH} \; \longrightarrow \; \diagdown\!\!\!\diagup C = O \; + \; H_2O$$

カルボニル基には,アルコールも付加することができる.アルコールが1分子だけ付加した化合物は**ヘミアセタール**と呼ばれる.ヘミアセタールも不安定で,カルボニル化合物とアルコールに戻る性質がある.

$$CH_3CH=O \; + \; CH_3CH_2OH \; \longrightarrow \; CH_3CH(OH)OCH_2CH_3$$

水やアルコールがカルボニルに付加する反応は,酸が触媒になる.しかし,アルコールの場合には,無水の条件下で酸が存在すると,さらに反応が起こって,**アセタール**と一般に呼ばれる化合物ができる.アセタールは,酸が存在する条件下では加水分解しやすく,もとに戻ってしまうが,酸性でなければ安定である.それで,これから学習するカルボニル基の反応を抑えて,ほかの部分の反応を起こさせたいときには,カルボニル基をアセタールに変えることがある.このような原子団のことを**保護基**という.

アセタールの生成とその加水分解はともに,可逆反応の例である.

$$CH_3CH(OH)OCH_2CH_3 \; + \; CH_3CH_2OH \; \xrightarrow{酸} \; CH_3CH(OCH_2CH_3)_2$$

$$CH_3CH(OCH_2CH_3)_2 \; + \; H_2O \; \xrightarrow{酸} \; CH_3CH=O \; + \; 2\,CH_3CH_2OH$$

問題6.6 上記の式に反応に関与するものをすべて書き入れて,これが可逆

反応であることを確かめよ.

例題6.4 酸触媒の存在下, アセトンに1,2-エタンジオール(HOCH$_2$CH$_2$OH)を作用させたときの生成物を予想せよ.

[解答] 1,2-エタンジオールは1分子内に2個のヒドロキシル基をもった化合物である. それで, 上記のアセタールが生成する反応が一挙に進む. 1分子内に2個のヒドロキシル基があるので, ここで生成する化合物は, 環状構造をもっている.

$$\underset{CH_3}{\overset{CH_3}{>}}C=O \;+\; \begin{matrix}HO-CH_2\\HO-CH_2\end{matrix} \xrightarrow{\text{酸}} \underset{CH_3}{\overset{CH_3}{>}}C\underset{OCH_2CH_2OH}{\overset{OH}{<}}$$

$$\underset{CH_3}{\overset{CH_3}{>}}C\underset{OCH_2CH_2OH}{\overset{OH}{<}} \xrightarrow{\text{酸}} \underset{CH_3}{\overset{CH_3}{>}}C\underset{OCH_2}{\overset{OCH_2}{<}} \;+\; H_2O$$

適当な触媒を用いることによって, 水素を付加させることができるのは, アルケンの場合と同様である. この場合は, 逆反応は起こらない. アルコールをカルボニル化合物にする反応の逆反応である. アルコールをカルボニルにするのは酸化であるから, この反応は還元反応である. 触媒としては, 白金(Pt)が用いられることが多い.

$$CH_3CHO \;+\; H_2 \xrightarrow{\text{Pt}} CH_3CH_2OH$$

この種の水素付加は, 金属水素化物を用いると, 円滑に進行することがわかってきた. 例えば, テトラヒドロホウ酸ナトリウム(NaBH$_4$)を用いると, アセトアルデヒドはエタノールに還元される. テトラヒドロホウ酸ナトリウムでは, 少し反応が複雑すぎるので, それよりは簡単なボラン(BH$_3$)を用いる還元の式を示そう. ボランではホウ素が金属的で, ホウ素が正電荷, 水素が負電荷をもつ傾向がある. それで, 水素は炭素に, ホウ素は酸素に結合するような

付加が起こる．こうすると，ホウ酸 [B(OH)$_3$] とアルコールから水を失った化合物（エステル）ができるが，その化合物は，水を加えることによって，容易にアルコールとホウ酸になる．アセトンを例にして，その反応の過程を示そう．

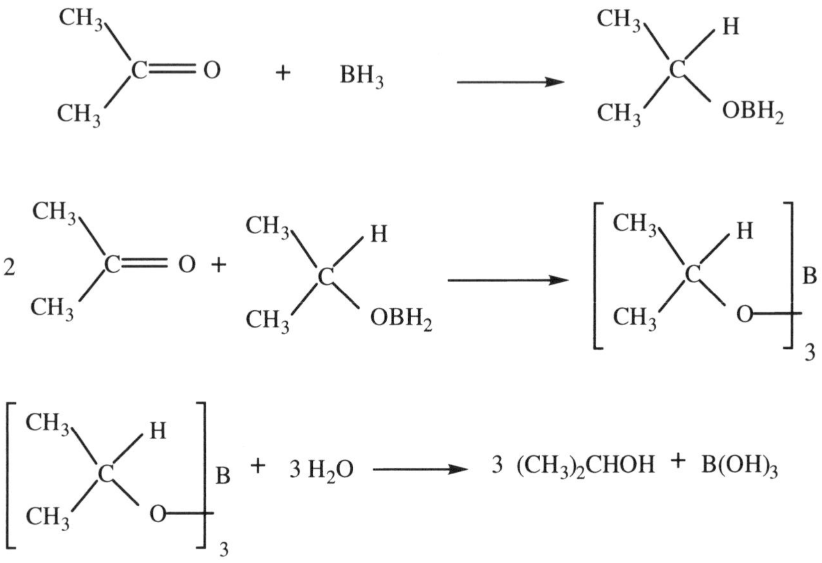

$$(CH_3)_2C=O + BH_3 \longrightarrow (CH_3)_2CH-OBH_2$$

$$2(CH_3)_2C=O + (CH_3)_2CH-OBH_2 \longrightarrow [(CH_3)_2CH-O]_3B$$

$$[(CH_3)_2CH-O]_3B + 3H_2O \longrightarrow 3(CH_3)_2CHOH + B(OH)_3$$

問題6.7 次の反応の生成物は何か．生成物の構造だけ書けばよい．

a)　　$CH_3CH_2CHO + H_2$ （白金触媒）$\longrightarrow$

b)　　$CH_3COCH_2CH_3 + H_2$ （白金触媒）$\longrightarrow$

c)　　$CH_3CH_2CHO + NaBH_4 \longrightarrow$

d)　　$CH_3CH_2COCH_2CH_3 + NaBH_4 \longrightarrow$

金属水素化物が付加するのと同じように，グリニャール試薬もカルボニルに付加することができる．付加する方向は，もちろん，マグネシウムが酸素，アルキル基が炭素，である．

6.2 カルボニル化合物の反応

$$HCH=O + CH_3CH_2CH_2MgBr \longrightarrow CH_3CH_2CH_2CH_2OMgBr$$

$$CH_3CH_2CH=O + CH_3CH_2CH_2MgBr$$
$$\longrightarrow CH_3CH_2CH(OMgBr)CH_2CH_2CH_3$$

$$CH_3CH_2MgBr + CH_3\underset{\underset{O}{\|}}{C}CH_3 \longrightarrow CH_3\underset{\underset{OMgBr}{|}}{\overset{\overset{CH_2CH_3}{|}}{C}}CH_3$$

ここに生成する化合物は,マグネシウムのアルコキシドの一種であるから,これに大量の水または酸を加えると,アルコールが生成する.それで,この反応は,アルコール類を合成する手段として重要である.また,第1級や第2級のアルコールを酸化すると,アルデヒドやケトンが得られるのであるから,この反応は,カルボニル化合物の炭素数を増やして鎖を長くする(これを増炭ということがある)重要な方法ともなる.

例題6.5 グリニャール試薬とホルムアルデヒドとが反応してできる上記の化合物に水を大量に反応させたときに起こる反応の式を書け.

[解答] この式を書くと,正式には,次のようになる.

$$CH_3CH_2CH_2CH_2OMgBr + n\,H_2O$$
$$\longrightarrow CH_3CH_2CH_2CH_2OH + (n-1)\,H_2O + Mg(OH)Br$$

しかし,両辺に共通に存在する $(n-1)\,H_2O$ は変化していないわけだから,これを消去すると,

$$CH_3CH_2CH_2CH_2OMgBr + H_2O \longrightarrow CH_3CH_2CH_2CH_2OH + Mg(OH)Br$$

の式が得られる.ここで生成する $Mg(OH)Br$ は水に溶けにくく,取扱いが厄介なので,酸を加えて,水に溶けやすいマグネシウム塩にすることが多い. ■

上記の例にみられるように,カルボニル化合物としてメタナール(ホルムア

ルデヒド）を用いると第1級アルコール，通常のアルデヒドを用いると第2級のアルコール，ケトンを用いると第3級のアルコールが生成する．

問題6.8 次の反応を行わせたときに予想される反応式を書け．

a) ブロモエタンにマグネシウムを反応させた後，メタナールを加え，後で塩酸で処理する．

b) ヨードメタンにマグネシウムを反応させ，ついで，2-プロパノンを加える．最後に，塩酸を加える．

6.2.2 アルデヒドの酸化

第2章では，第1級アルコールを酸化すると，アルデヒドになるが，アルデヒドはさらに酸化を受けて，酸素原子が1個多い物質が生成することを学習した．これらの化合物は一般に**カルボン酸**と呼ばれる．カルボン酸の詳しいことについては，さらに第8章で学習するが，カルボニル炭素にヒドロキシル基がついた化合物である．ケトンは，アルデヒドほど簡単には酸化を受けない．

$$CH_3CH_2CH=O \xrightarrow{[O]} CH_3CH_2C(=O)OH$$

ここで，矢印の上に書いた［ ］内のOは，前にも出てきたが，酸化が起こっていることを示す記号である．

アルデヒドが酸化されやすいということは，裏返せば，アルデヒドには還元性があるということである．アルデヒドの還元性は，2つの試薬で試されることが多い．

トレンス（Tollens）の試薬という薬品がある．これは，硝酸銀をアンモニアを含む水溶液に溶かしたものである．この溶液中には，銀イオンが存在するが，アルデヒドを加えると，アルデヒドの還元性のために，電子が銀イオンに供給され，銀イオンから，金属状態の銀が生成する．銀は水に溶けないから析出して，試験管の壁について，銀の鏡を作る．これは，アルデヒドの検出法の1つである．

$$Ag^+ \xrightarrow{e} Ag \qquad (\text{eは電子の記号})$$

もう1つは，フェーリング（Fehling）液と呼ばれる試薬である．これは，実は，2種類の溶液のことを指している．1つは，硫酸銅の溶液に酒石酸の塩を加えたものであり，もう1つは水酸化ナトリウムの水溶液である．第1の液になぜ酒石酸塩が入れてあるかというと，もしそれがないと，硫酸銅の水溶液と水酸化ナトリウム水溶液を混ぜると沈殿ができてしまうからである．これらの液は，アルデヒドの試験をする直前に混合する．こうしてできたフェーリング液にアルデヒドを加えると，硫酸銅では電子が2個足りない陽イオンであった銅（II）イオンが，アルデヒドから電子を1個もらって，Cu^+に変わる．このイオンと水酸化物イオンとから，水に溶けないCu_2Oが生成して沈殿する．これは赤銅色をした沈殿で，アルデヒドの定性試験（ある物質があるということを確かめること．そこにある量を問題にするわけではない）に用いることができる．

$$Cu^{2+} \xrightarrow{e} Cu^+$$

$$2\,Cu^+ + 2\,OH^- \longrightarrow Cu_2O + H_2O$$

問題 6.9 分子式C_4H_8Oをもつ化合物で，トレンスの試薬を加えたところ銀鏡反応がみられた．これらの条件に合う化合物の構造式を書け．

6.2.3 カルボニル化合物のアルファ炭素上に起こる反応

2-プロパノンに臭素を加えると，メチル基の水素が臭素に置換される．これは，単なる置換反応ではなく，炭素・炭素二重結合への付加反応の変形だと考えられている．つまり，2-プロパノンがエノール化した後，臭素の付加が起こり，生成したブロモヒドリンが加水分解を受けて，ケトンになったと考えられるのである．化学反応式を次に示そう．

$$CH_3\underset{\underset{O}{\|}}{C}CH_3 \xrightarrow{(エノール化)} CH_3\underset{\underset{OH}{|}}{C}=CH_2 \xrightarrow{(臭素付加)} CH_3\underset{\underset{OH}{|}}{\overset{\overset{Br}{|}}{C}}CH_2Br$$

$$\xrightarrow{(加水分解)} CH_3\underset{\underset{OH}{|}}{\overset{\overset{OH}{|}}{C}}CH_2Br \xrightarrow{(脱水)} CH_3\underset{\underset{O}{\|}}{C}CH_2Br$$

反応式の最初と最後を見比べれば，臭素置換が起こったことは理解できるであろう．このように，反応の最初と最後だけでなく，途中にどのような過程を経てその反応が起こったのかを調べることを，**反応機構**を調べるという．反応機構の詳細を述べることは，本書の目的ではない．より正確でより詳しい反応の機構については，専門の有機化学で学習することになる．

上記に示した大雑把な反応機構からも明らかなように，カルボニル基の隣の炭素原子（アルファ炭素）に水素原子がついていれば，臭素を加えれば臭素化が起こる．同様にして，ヨウ素化したり塩素化したりすることもできる．このとき，酸やアルカリは，カルボニルがエノールに変わる触媒となるので，酸やアルカリを加えるとハロゲン化は促進される．特に，ヨウ素の場合には，反応が遅いので，アルカリを触媒に使うことが多い．

問題6.10
a) 上記の式にならって，2-プロパノンに塩素を加えたときの反応式を書け．
b) 同様にして，3-ペンタノンに臭素を反応させた式を書け．

2-プロパノンの場合には，カルボニルについた炭素原子2個に総計6個の水素原子があるので，最終的には，6個の水素原子を臭素に置換することが可能である．このような化合物にアルカリを作用させると，トリブロモメタンが発生する．

$$Br_3CCCBr_3 + NaOH \longrightarrow Br_3CH + Br_3CCO_2Na$$
$$\parallel$$
$$O$$

一般に，ハロゲン原子を3個含むメタンはハロホルムと呼ばれることが多いので，この反応を**ハロホルム反応**という．ヨードホルムは特有の色とにおいをもった化合物で，しかも室温で固体の化合物であるので，検出が容易である．ヨウ素とアルカリで処理することによってヨードホルムが生成すれば，もとの分子に，$CH_3C(=O)-$の原子団があったことがわかる．また，この条件下で，そのような原子団が生成してもよい．つまり，この反応は，2-プロパノンだけ

でなく，エタナールにもエタノールにも起こる反応である．一般的にいえば，$CH_3CH(OH)-$ の原子団をもつ分子はハロホルム反応を行う．

アルデヒドやケトンに，エノール化に必要なよりも濃い濃度の酸やアルカリを作用させると，アルドール縮合と呼ばれる特別の反応を起こすことがある．この場合も，反応を起こすのは，アルファ炭素に水素が結合している場合に限られる．例をエタナールと水酸化ナトリウムとの反応にとって，その変化を式に示してみよう．

$$CH_3CH=O + CH_3CHO \xrightarrow{NaOH} CH_3CH(OH)CH_2CHO$$

ここに生成する化合物が，昔，アルドールと呼ばれたので，**アルドール縮合**という名前が提唱された．**縮合**とは，通常，2つの分子が結合する際に，簡単な分子が失われる反応のことを指すのであるが，アルドールのような例があるので，正式の定義は「簡単な分子が失われるか，または失われないで，2つの分子が結合すること」とされる．しかし，この反応をよくみると，実は，エタナールの炭素・酸素二重結合に，もう1分子のエタナールの炭素・水素結合が解離して，付加したものとみることもできる．するとこの反応は，カルボニル化合物が起こすカルボニル基への付加反応である．専門の有機化学では，この反応は，エノール化したカルボニル化合物が，もう1分子のカルボニルに付加する反応であることを習うであろう．

例題6.6 プロパナールにアルカリを作用させたときの反応生成物を予想せよ．

［解答］ プロパナールは，エタナールのメチル基の水素1個がメチル基に変わった化合物である．上で，エタナールのエノールがこの反応に関係していることが説明されたから，1分子のプロパナールのカルボニルに付加する際に関係する炭素・水素結合は，もう1分子のカルボニル基の隣の炭素・水素結合に違いない．すると，それは$H-$と$CH_3CH(CHO)-$に別れることになるから，正解は次の通りである．

$$CH_3CH_2CH=O + CH_3CH_2CHO \longrightarrow \underset{\underset{OH}{|}\ \underset{CH_3}{|}}{CH_3CH_2CH-CHCHO}$$

塩酸を触媒として，同様の反応を行わせると，同様に，アルドール縮合が起こるが，酸性が強いので，室温では，さらに脱水反応が進行してしまうことが多い．このような場合，最終生成物は，昔，クロトンアルデヒドと呼ばれたので，**クロトン縮合**ということがある．

$$CH_3CH=O + CH_3CHO \xrightarrow{HCl} \underset{\underset{OH}{|}}{CH_3CHCH_2CHO}$$

$$\xrightarrow{HCl} CH_3CH=CHCHO$$

これまで，カルボニル基の隣にC–Hのある化合物の反応をみてきたが，そのような原子団がないときにはどのような反応が起こるのだろう．現在知られているところでは，酸を加えても，反応は起こらないが，アルカリでは，ちょっと変わった反応が起こる．代表的な例として，メタナール（ホルムアルデヒド）をとって，式を書いておこう．

$$HCH=O + HCH=O \longrightarrow CH_3OH + HCO_2H$$

これは，見方によっては，一方の分子が還元され，もう一方の分子は酸化されたことになる，このような反応は一般には**不均化**と呼ばれるが，アルデヒドについては特別に，**カニッツァロ（Cannizzaro）の反応**と呼ばれる．

例題6.7 化合物 $(CH_3)_3CCH=O$ にアルカリを作用させたときの生成物を予想せよ．

［解答］この化合物もカルボニル基の隣にC–Hの原子団をもたない化合物である．それでカニッツァロの反応が起こることが予想される．

$$(CH_3)_3CCH=O + (CH_3)_3CCH=O$$
$$\longrightarrow (CH_3)_3CCH_2OH + (CH_3)_3CCOOH$$

6.3 官　能　基

　これまで，典型的なカルボニル化合物の反応例を示すのにも，簡単なエタナールや2-プロパノンの式を書いて説明してきた．しかし，諸君は，これまでに多くの経験を経，練習問題を解いて，有機化学では，一般的に次のことが成り立つことに気づいてきたであろう．

1) 有機化学反応は，C–Hの原子団に起こることは稀であり，起こるとすれば，それはカルボニル基の隣とか特別の場所にあるものである．したがって，ふつうのアルキル基は，反応に対して鈍感で，分子内の一員として，ほかの部分が反応するのについていくだけである．
2) 有機化学反応は，C=C，C=O，C–O，C–Clなど，特別の化学結合があるところに起こりやすい．

　昔の有機化学者もこのような点に気づいていた．本書の扱いも，それに近いものになっている．このように，有機化合物の反応性を支配するものは，ふつう特別の原子団である．そのような原子団を**官能基**という．官能基の代表的な例については，本書の表見返しを参照されたい．

　有機化合物の反応は，ほとんど，官能基によって決まるのだから，官能基だけを強調して，有機化合物の反応を書くこともできる．このとき，アルキル基を一般的に書くにはRを用いる．またアルキル基が違うことを示したいときには，Rにプライムをつけて示すことにする．例えば，ケトンにグリニャール試薬が付加して，水を加えると第3級アルコールが生成する反応は，一般式は次のようになる．

$$\underset{O}{\overset{\|}{R-C-R'}} + R''MgBr \longrightarrow \underset{OMgBr}{R-\overset{R''}{\underset{|}{C}}-R'} \xrightarrow{H_2O} \underset{OH}{R-\overset{R''}{\underset{|}{C}}-R'}$$

例題6.8　有機ハロゲン化合物の一般式を書け．
［解答］　アルキル基はRで表せる．これにハロゲンの元素記号をつけると，

ハロゲン化アルキルが一般式で表せる．クロロアルカンはRCl，ブロモアルカンはRBr，ヨードアルカンはRIである．またハロゲン全体もよく似た性質を示すので，これらをまとめて一般式で表すこともできる．この際，ハロゲンの一般式として，通常Xを使う．それで，ハロアルカンの最も広い一般式はRXである．

問題6.11 a) エーテルを表す一般式を書け．

b) アルデヒドを表す一般式を書け．

章末問題

6.1 次の分子式をもつ化合物でカルボニル基をもつ構造式をすべて書け．

$$C_5H_{10}O$$

6.2 次の反応の生成物は何か．また，その生成物が，中性の水に対して安定かどうかを判定せよ．

a) $CH_3CH=O + HBr \longrightarrow$

b) $CH_3CH=O + 2\,CH_3OH \xrightarrow{\text{(酸)}}$

c) $CH_3CH_2CH=O + HCN \longrightarrow$

6.3 次の反応の生成物は何か．

a) $CH_2O + CH_3MgI \longrightarrow \xrightarrow{H_2O}$

b) $CH_2O + (CH_3)_2CHMgBr \longrightarrow \xrightarrow{H_2O}$

c) $(CH_3)_2CHCHO + CH_3CH_2MgI \longrightarrow \xrightarrow{H_2O}$

d) $(CH_3)_2CHCHO + (CH_3)_2CHMgBr \longrightarrow \xrightarrow{H_2O}$

e) $\begin{matrix} CH_3CH_2C=O \\ | \\ CH_3 \end{matrix} + CH_3CH_2MgI \longrightarrow \xrightarrow{H_2O}$

f) $\begin{matrix} CH_3CH_2C=O \\ | \\ CH_2CH_3 \end{matrix} + CH_3CH_2MgI \longrightarrow \xrightarrow{H_2O}$

6.4 次の化合物にアルカリを作用させたときに生成が予想される化合物は何か．

    a) $(CH_3)_2CHCH_2CHO$ b) $CH_3CH_2CH_2CH_2CHO$

    c) $CH_3CH_2CH_2CHO$ d) $C_2H_5C(CH_3)_2CHO$

6.5 次の反応の生成物は何か．

    a) $CH_3CH=O + Cl_2 \xrightarrow{アルカリ}$

    b) $CH_3CH=O + 2\,Cl_2 \xrightarrow{アルカリ}$

    c) $CH_3CH=O + 3\,Cl_2 \xrightarrow{アルカリ}$

    d) $CH_3CH_2CH=O + Cl_2 \xrightarrow{アルカリ}$

    e) $CH_3CH_2CH=O + 2\,Cl_2 \xrightarrow{アルカリ}$

6.6 次の化合物は，ハロホルム反応を行うか否かを判定せよ．

    a) $CH_3COCH_2CH_3$ b) $CH_3CH_2COCH_2CH_3$

    c) $CH_3CH_2CH(OH)CH_3$ d) $BrCH_2COCH_2CH_3$

    e) $CH_3CHBrCH(OH)CH_2CH_3$ f) $Br_2CHCOCH_2CH_3$

6.7 次の化合物群を，官能基を特定した一般構造式で示せ．

    a) 末端に$CH_2=CH-$の原子団を有するアルケン
    b) 分子の中程に$-CH=CH-$の原子団を有するアルケン
    c) 第1級アルコール
    d) グリニャール試薬

6.8 章末問題6.1で書き上げた構造のうち，フェーリング液を還元する物質は，どれとどれか．

6.9 ブタナールをエタノールに溶かし，乾燥した塩化水素を導入した．このときに予想される生成物の構造式を書け．

7. アミン

　アンモニア NH_3 の水素をアルキル基に置き換えた化合物を**アミン**という．そのうち，1個の水素のみをアルキル基に置き換えたものを第1級アミン，2個の水素をアルキル基に置き換えたものを第2級アミン，水素3個全部をアルキル基に置き換えたものを第3級アミンという．本章では，これらの化合物の性質について述べる．

　　　メチル化合物　　　CH_3NH_2　　$(CH_3)_2NH$　　$(CH_3)_3N$
　　　　　　　　　　　　メチルアミン　ジメチルアミン　トリメチルアミン

　　　一般式　　　　RNH_2　　　R_2NH　　　　R_3N

　なお，上に示した一般式は，アルキル基が違う場合には，RをR′やR″に修正して表示することもできる．

7.1 アミンの異性体と命名

　まず，アミンの分子式の特徴と，与えられた分子式について考えられる構造，そしてそれら異性体の命名について述べよう．アミンの分子式から構造を考えるには，例題に示すような方法で行う．

　例題7.1　$C_4H_{11}N$ に可能な構造式を示せ．

7.1 アミンの異性体と命名

[解答] アミンはアンモニアの水素をアルキル基が置換してできたものであるから，その分子式から窒素原子を除いたものは，3個のアルキル基に分割可能なはずである．ただし，この場合，水素も1個の基として数える．すると，可能性としては，

1) 水素が2個とC_4H_9のアルキル基
2) 水素が1個とCH_3とC_3H_7のアルキル基または水素が1個にC_2H_5が2個
3) 水素がなくて，CH_3 2個とC_2H_5 1個

この3種を考慮したということは，それぞれ，第1級，第2級，第3級のアミンの可能性を考えたということである．

第1級アミンの場合，C_4H_9の基には次の4種類がある．

$CH_3CH_2CH_2CH_2-$ $(CH_3)_2CHCH_2-$ $CH_3CH_2CH(CH_3)-$ $(CH_3)_3C-$

第2級アミンのC_3H_7には，次の2つが可能であるが，C_2H_5には異性体ができる可能性はない．それで，第2級アミンには3種が可能である．

$CH_3CH_2CH_2-$　　　　　　　　　　$(CH_3)_2CH-$

第3級アミンのアルキル基には異性体ができる可能性はない．

それで，全体としては，$C_4H_{11}N$の分子式をもつアミンには8個の異性体が可能ということになる．アミンの不飽和度を考えるには，分子式からNHを差し引いて，残りの炭化水素が飽和か不飽和かを考えればよい．∎

問題7.1 C_2H_7Nの分子式に可能な構造式を書け．

アミンの命名は，アンモニアの水素がアルキル基に置換されたものとして命名する．ただし，アンモニアはアミンと変形する．また$-NH_2$の基をアミノ基として命名することもできる．

例：メチルアミン　　　　　CH_3NH_2
　　ジメチルアミン　　　　$(CH_3)_2NH$
　　トリメチルアミン　　　$(CH_3)_3N$

また，第1級のアミンをアルカンアミンとして命名する方法もある．このときには，第2級，第3級のアミンは，それぞれ，N-アルキルアルカンアミン，

N,N-ジアルキルアルカンアミンなどとして命名する.

例:N-エチル-N-メチルエタンアミン　[$(CH_3CH_2)NCH_3$]

問題7.2 次の名称をもつアミンの構造式を書け.
a) トリエチルアミン　　b) エチルメチルアミン

7.2 アミンの性質

7.2.1 塩基としての性質

アンモニアの水溶液がアルカリ性であるように,アミンの水溶液もアルカリ性である.有機化学では,水のほかに,有機化合物を溶媒として反応させたり,性質を調べたりすることが多いので,一般に,アルカリ性とはいわず,**塩基性**であるという.また塩基性を示す物質のことを塩基という.塩基性とは,プロトン,つまり,水素の陽イオンを取り入れる性質であるということができる.この考え方に従えば,アンモニアは次の反応を起こすから,塩基性なのである.

$$NH_3 + H^+ \longrightarrow NH_4^+$$

アンモニアがプロトンを受けとってできるイオンのことをアンモニウムイオンという.

メチルアミンも,アンモニアと同じようにプロトン(水素陽イオン)を受けとることができる.つまり,アミン類は塩基性の化合物である.

$$CH_3NH_2 + H^+ \longrightarrow CH_3NH_3^+$$

問題7.3 ジメチルアミンがプロトンを受けとってジメチルアンモニウムイオンができる反応式を書け.

メチルアミンは,アンモニアよりも少し強い塩基であることが知られているが,それでも,水酸化物イオンに比べれば,ずっと弱い塩基である.それで,

塩基性の強さと化学平衡

塩基性の強さについて説明しておこう．上に出てきたプロトンとアミンの反応が起こったとしても，アルカリ水溶液を加えると，アミンはもとの状態に戻ってしまう．アミンの塩基性が強いというのは，弱い塩基性物質を加えても，もとに戻らないということである．化学反応式でいうと，アンモニアが水中で塩基性を示すのは，次の反応があるからだといわれる．

$$NH_3 + H_2O \longrightarrow NH_4^+ + OH^-$$

水は，室温で，少しだけプロトンと水酸化物イオンに分かれていることが知られているが，そのプロトンをアンモニアが奪うことによって，上記の式のように，水中で水酸化物イオンが多くなる．そこで，その水溶液はアルカリ性になる．しかし，ここに生成したアンモニウムイオンは，水中に水酸化物イオンが多くなると，次の反応によって，プロトンを失う．

$$NH_4^+ + OH^- \longrightarrow NH_3 + H_2O$$

つまり，アンモニアと水との反応は可逆反応である．可逆反応は，片矢印の向きが反対のものを用いて表すことが多いので，第1級アミンを例にとって一般式で表せば次の通りになる．この可逆反応で，右向きの反応が進みやすいものは，強い塩基であるということになる．

$$RNH_2 + H_2O \rightleftarrows RNH_3^+ + OH^-$$

右向きの反応と左向きの反応がちょうどつり合って，反応がみかけ上右にも左にも進まなくなったとき，その反応は化学平衡に達したという．化学平衡を数値で表し，塩基性の強さを表現することについては，いずれ専門の有機化学で学習するであろう．

アミンはうすい塩酸に溶けるものが多いが，その塩酸塩水溶液に水酸化ナトリウムの水溶液を加えると，アミンが遊離する．

7.2.2 有機ハロゲン化合物との反応

有機ハロゲン化合物は，いろいろな陰イオンと反応するが，アミンとも反応する．その最も基本的な例として，アンモニアとヨウ化メチルとの反応を示せば，次の通りである．

$$\text{CH}_3\text{I} + \text{NH}_3 \longrightarrow \text{CH}_3\text{NH}_3{}^+\text{I}^-$$

ここに生成した化合物はヨウ化メチルアンモニウムという．アンモニウムイオンの水素が1個メチル基によって置換されたメチルアンモニウムイオンとヨウ化物イオンとの塩である．この化合物に水酸化ナトリウムを作用させると，メチルアミンが生成する．したがって，この反応は，一般にアミンの合成法に使える．

$$\text{CH}_3\text{NH}_3{}^+\text{I}^- + \text{NaOH} \longrightarrow \text{CH}_3\text{NH}_2 + \text{H}_2\text{O} + \text{NaI}$$

しかし，ここで生成するメチルアミンもアンモニアと同様の性質をもっている．実際の反応条件では，メチルアンモニウムイオンがアンモニアによってプロトンを奪われる反応（1段目の式）も進行するから，さらにメチルアミンがヨードメタンと反応（2段目の式）を起こす．

$$\text{CH}_3\text{NH}_3{}^+\text{I}^- + \text{NH}_3 \longrightarrow \text{CH}_3\text{NH}_2 + \text{NH}_4{}^+\text{I}^-$$
$$\text{CH}_3\text{NH}_2 + \text{CH}_3\text{I} \longrightarrow (\text{CH}_3)_2\text{NH} + \text{HI}$$

それで，アンモニアとヨードメタンとの反応を表すには，次式が適当である．ただし，この式では，有機化合物にのみ着目したものとなっており，原子の種類や数も式の左右で異なっている．このような式の書き方は，有機化学では，普通に行われることである．

$$\text{CH}_3\text{I} + \text{NH}_3 \longrightarrow \text{CH}_3\text{NH}_2 + (\text{CH}_3)_2\text{NH} + (\text{CH}_3)_3\text{N}$$

このような式を書いたとしても，そこで原子がなくなったり，新しくできたりすることを意味するものではない．

ハロアルカンとアンモニアとの反応で1つだけのアミンを作ることは比較的困難であるが，条件を考えれば，第1級アミンもしくは第2級アミンを多く含む生成物を得ることは，それほど困難ではない．例えば，アンモニアを過剰に用いれば，生成したアルキルアミンがさらに反応することを防げる．過剰にあるアンモニアがハロアルカンと反応する機会の方が多くなるからである．また，第2級アミンから第3級アミンになる反応は，比較的遅い．それで，ヨー

ドメタンをちょうど反応に必要なだけ用いると，第2級アミンを収量（ほしいものの収得量）よく合成することができる．第3級アミンを合成するには，一度，第2級アミンとして単離してから，さらにハロアルカンを作用させるのがよい．

例題7.2 エチルアミンを合成する方法を考案せよ．

[解答] エチルアミンは，アンモニアの水素が1個エチル基になった化合物であるから，原理的には，ヨードエタンとアンモニアから合成することができる．しかし，上に述べた，さらにアルキル化が進む可能性を考えると，ヨードエタンに過剰のアンモニアを反応させるのがよい．

問題7.4 次の化合物を合成する方法を考案せよ．
a) エチルメチルアミン　　b) ジエチルアミン
c) ジプロピルアミン　　　d) エチルジプロピルアミン

7.2.3 カルボニル化合物との反応

アミンは，水素と窒素原子を含む基とに分かれて，カルボニル基に付加することができる．この際生成するアミノヒドリンと呼ばれる化合物は，水のカルボニル基への付加物と同様，不安定で，室温に放置するだけでもとに戻ってしまう．

$$CH_3CH=O + CH_3NH_2 \longrightarrow CH_3\underset{OH}{\overset{|}{C}}HNHCH_3$$

このアミノヒドリンを加熱すると容易に脱水が起こって，一般にアルジミンと呼ばれる，C=N結合をもった化合物が生成する．

$$CH_3\underset{OH}{\overset{|}{C}}HNHCH_3 \longrightarrow CH_3CH=NCH_3$$

通常の有機アミンではないが，ヒドロキシルアミン $HONH_2$ やヒドラジン H_2NNH_2 はカルボニル化合物と反応して，容易に，炭素・窒素二重結合をもつ化合物を与える．

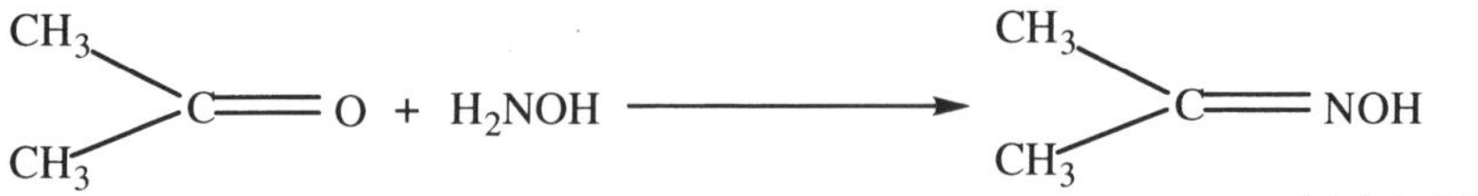

$$\text{CH}_3\text{-C(CH}_3\text{)=O} + \text{H}_2\text{NOH} \longrightarrow \text{CH}_3\text{-C(CH}_3\text{)=NOH}$$
（オキシム）

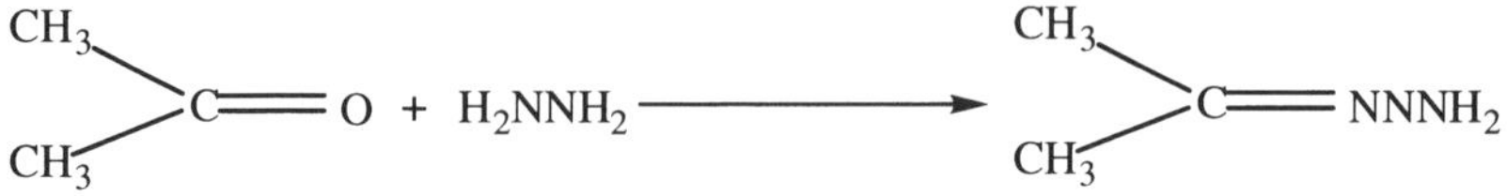

$$\text{CH}_3\text{-C(CH}_3\text{)=O} + \text{H}_2\text{NNH}_2 \longrightarrow \text{CH}_3\text{-C(CH}_3\text{)=NNH}_2$$
（ヒドラゾン）

これらの化合物をそれぞれ，オキシムおよびヒドラゾンという．これらの化合物は，室温で固体のものが多く，再結晶して精製することが容易であり，かつあまり高くない融点をもつことが多く，融点を調べることによって，物質の確認に利用されたものである．

オキシムやヒドラゾンは，強く還元するとアミンとなる．それで，これらは第1級アミン製法の出発物になれる．

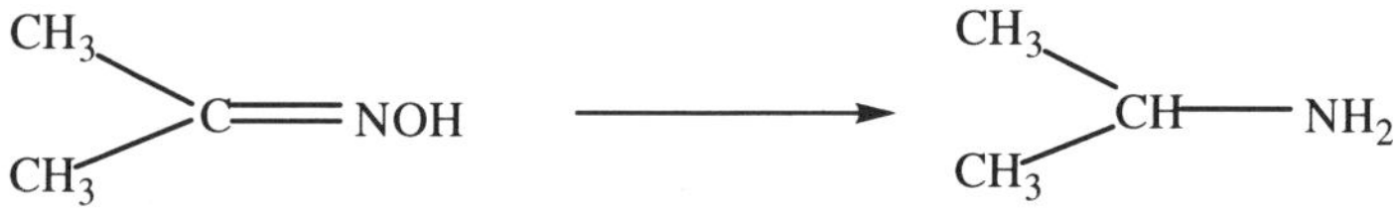

$$\text{CH}_3\text{-C(CH}_3\text{)=NOH} \longrightarrow \text{CH}_3\text{-CH(CH}_3\text{)-NH}_2$$

例題7.3 アセトンから出発して，2段階でイソプロピルアミンを合成する方法を示せ．

［解答］ イソプロピルアミンはアセトンのオキシムを還元すれば合成可能である．それで，アセトンをまずオキシムにし，ついで還元する．

混融試験

中学校でも学習したように，物質には固有の融点があるので，融点を測定して物質が何かを決定することができる．しかし，数多い有機化合物の中にはよく似た融点を示すものも多い．そのようなときに行うのが混融試験である．2つの物質を混ぜても融点が変わらないときには，それらは同じ物質．融点が下がれば，違う物質とされる．

7.2.4 亜硝酸との反応

アミンの構造決定に当たって，そのアミンが，第1級であるか，第2級であるか，第3級であるかを決定するのは，かなり重要なことである．このような方法として，いくつかの化学反応が知られているが，ここでは，亜硝酸との反応について説明しよう．

アミンに亜硝酸を作用させると，そのアミンが第1級ならば，窒素ガスを発生して，アルケンとアルコールの混合物ができる．

$$CH_3CH_2NH_2 \xrightarrow{HNO_2} CH_2=CH_2 + CH_3CH_2OH$$

もしそのアミンが第2級ならば，N-ニトロソ化合物ができる．この化合物は，ふつう水に溶けない，黄色い液体または固体で，上記第1級の場合と区別することは簡単である．

$$(CH_3)_2NH \xrightarrow{HNO_2} (CH_3)_2NNO$$

そして，そのアミンが第3級ならば，亜硝酸との反応は起こらない．

$$(CH_3)_3N \xrightarrow{HNO_2} 反応せず$$

例題7.4 分子式 C_3H_9N をもつ化合物のうち，亜硝酸と反応して，窒素ガスを与えるものは何か．

[解答] 題意により，この化合物は第1級アミンである．与えられた分子式から NH_2 を差し引くと，アルキル基は C_3H_7 である．よって，求める構造は，次の2つのどちらかであるということになる．

$$CH_3CH_2CH_2NH_2 \quad または \quad (CH_3)_2CHNH_2$$

章末問題

7.1 分子式 C_3H_9N に可能な構造式を書け．
7.2 次のアミンを命名せよ．

a) $CH_3CH_2CH_2N(CH_3)CH_2CH_3$ b) $CH_3CH_2N(CH_3)CH_2CH_2CH_2CH_3$

c) $CH_3CH_2CH_2NHCH_2CH_3$ d) $(CH_3)_3CNH_2$

7.3 次のアミンを合成するには，どのようなハロゲン化物とアミンとを組み合わせればよいか．

a) $(CH_3)_3N$ b) $(CH_3)_2CHNHCH_2CH_3$

c) $CH_3N(CH_2CH_3)_2$ d) $CH_3CH_2CH_2NHCH_3$

7.4 適当なアルデヒドとアミンとから，次の化合物を合成するにはどうすればよいか．

a) $CH_3CH=NCH_2CH_3$ b) $(CH_3)_2CHCH=NCH_3$

7.5 適当なアルデヒドまたはケトンから出発して，次のアミンを合成する方法を考案せよ．

a) $CH_3CH_2CH(NH_2)CH_3$ b) $CH_3CH_2CH_2CH_2NH_2$

c) $(CH_3CH_2)_2CHNH_2$ d) シクロヘキシル-NH_2

7.6 トリメチルアミンが，水中で，水と反応して，アルカリ性の原因となる水酸化物イオンを放出する反応式を書け．

7.7 第1級，第2級，および第3級アミンの一般式を書け．第2級と第3級の場合は，アルキル基が違うものがあることも考慮すること．

7.8 2-アミノブタンに亜硝酸を働かせたときに生成することが予想されるアルケンとアルコールの構造式を書け．

7.9 分子式 $C_4H_{11}N$ の化合物がある．この化合物に亜硝酸を作用させたところ，反応は起こらなかった．この化合物の構造式を書け．

8. カルボン酸とその誘導体

　カルボン酸と一般に呼ばれる化合物のいくつかについては，この教科書でも，すでに取り扱っている．エタナールを酸化したときにできる酢酸（第2章），プロパナールを酸化したときに得られるCH_3CH_2COOH，メタナールにカニッツァロの反応を起こさせたときのHCOOH（第7章）などである．これらに共通の官能基はCOOHである．これらの化合物について調べていこう．

8.1　カルボン酸の構造・命名・合成

　カルボン酸に特有の官能基を**カルボキシル基**という．この構造は，炭素が4価，酸素が2価，水素が1価とすれば，

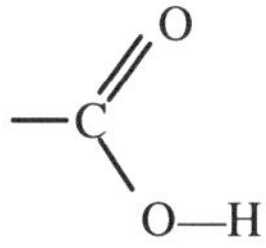

$$-\text{C}\begin{array}{c}\diagup\text{O}\\\diagdown\text{O}-\text{H}\end{array}$$

と書けるが，このほかには，これらの原子の原子価を満足する式は書けないので，COOHと書いても紛らわしさはない．
　カルボキシル基は，アルデヒド基と同じく，炭素鎖の末端以外にあることがない．それで，カルボキシル基の炭素は必ず1番であり，置換基をつけるときには，カルボキシル炭素を1として番号をつける．置換基のないカルボン酸はalkaneの語尾eを取り除き，oic acidをつけて命名する．日本語では，アルカンの後に酸をつける．なお，次の例では，よく使う慣用名を（　）に入れて示し

てある．

例： HCOOH　　methanoic acid　　メタン酸（ギ酸）
　　 CH₃COOH　ethanoic acid　　 エタン酸（酢酸）

例題8.1 分子式 $C_4H_8O_2$ をもつカルボン酸に可能な構造を書き，それらに命名せよ．

[解答] カルボン酸であることがすでにわかっているから，この分子式からCOOHを引く．すると C_3H_7 が残る．このアルキル基には2種の異性構造がある．それを考慮に入れると次の2つの式が書け，名称は，構造式の下のように与えられる．

　　　　CH₃CH₂CH₂COOH　　　　　　　　(CH₃)₂CHCOOH

　　　　　　ブタン酸　　　　　　　　　　　　2-メチルプロパン酸

後で学習するエステルは，カルボン酸と同じ分子式をもつ異性体である．したがって，エステルも考慮に入れると，カルボン酸に相当する不飽和度が1で酸素原子を2個もつ化合物の異性体数は，さらに増加する．

カルボン酸は，アルデヒドの酸化によって合成されるほか，グリニャール試薬に二酸化炭素を反応させ，生成したマグネシウム塩に酸を作用させることによっても合成することができる．アルデヒドからカルボン酸にするときは，もとの原料と同じ炭素数のカルボン酸が生成するが，グリニャール試薬を経由してカルボン酸にする反応は，元のハロアルカンよりも炭素数が1つ多いカルボン酸を作るという特徴がある．

$$RMgX + CO_2 \longrightarrow RCOOMgX \xrightarrow{HCl} RCOOH + MgClX$$

問題8.1 ヨードエタンからグリニャール試薬を経て，プロパン酸を合成する反応を考えよ．

水素結合と沸点

有機化合物の沸点は一般に分子が大きくなればなるほど高くなる．この一般論からすると，水の沸点は，分子量に比べて異常に高い（表 8.1 参照）．このような異常現象を説明するため，水素結合という概念が導入された．水には，ヒドロキシル基と酸素原子の間に働く特別の相互作用があって，実際には，分子は 1 つでなく，多数が寄り集まって，水という実在の物質を作っているという概念である．（下の図には簡単のため，2 分子だけの水素結合を示すが，実際は多数の分子間に形成される．）液体が沸騰するためには，熱を加えて，分子の間に働いている力に打ち勝つだけのエネルギーを与えなけれなならないが，水の場合には，分子間に働くこの力があるため，よけいなエネルギーを加えなければならないと考えるのである．このような水分子間に働く力を，水素結合という．水素結合は，通常の炭素・水素の共有結合ほどに強い力ではないが，それでも，水の沸点を異常に高くするには十分のエネルギーなのである．

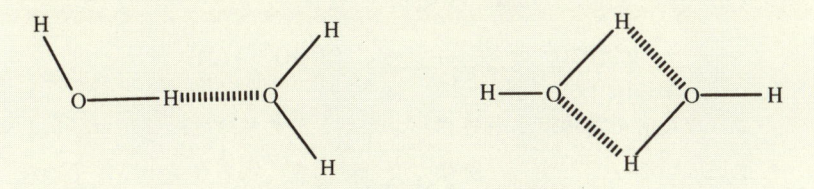

水分子 2 個の間に形成される水素結合

アルコールの沸点も表 8.1 に示すように，同じ程度の分子量の化合物に比べて高い．これは，アルコールにも，水分子と同じように，分子間に水素結合が可能だからだと考えられている．

このような観点からすると，カルボン酸の沸点は，同じ程度の分子量のアルコールに比べても，高くなっている．これは，カルボン酸には，非常に強い水素結合があることを示唆するものである．メタン酸（ギ酸）（沸点 101°C）は，次のような水素結合で 2 分子が強くくっついていると考えられている．

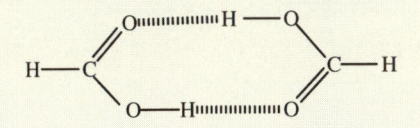

表8.1 分子量が同じくらいの化合物の沸点

化合物	分子量	沸点（℃）	化合物	分子量	沸点（℃）
ペンタン	72	36	1-ブタノール	74	117
ジエチルエーテル	74	34	水	18	100
1-フルオロブタン	76	32	メタン	16	-182
ジエチルアミン	73	56	アンモニア	17	-33

8.2 カルボン酸の性質

8.2.1 酸　　性

カルボン酸は，その名が示す通り酸である．水の中で酸の原因となるプロトンをカルボン酸が放出する式は，次で与えられる．

$$RCOOH \rightleftarrows RCOO^- + H^+$$

このような反応を**解離反応**と呼ぶ．カルボン酸の解離は，式に示される通り，可逆反応であり，しかも，解離の度合いはごく限られている．その証拠に，酢酸の水溶液は，強い酢酸のにおいを保っている．それで，一般にカルボン酸の酸としての強さはごく弱いものである．

問題8.2 エタン酸（酢酸）の解離式を書け．

それでも，有機化合物の中では，酸性を示す化合物はごく少ないので，カルボン酸は，典型的な有機酸であるといわれる．実際，果物など酸味を示す食品には，たいてい，カルボン酸の仲間が含まれている．

カルボン酸は，酸性物質であるから，グリニャール試薬と反応して，炭化水素を与える．

$$CH_3CH_2CH_2CH_2MgBr + CH_3COOH \longrightarrow$$

$$CH_3CH_2CH_2CH_3 + CH_3COOMgBr$$

8.2.2 カルボキシル基のヒドロキシル基を置換する反応

カルボキシル基のOHはいろいろな置換基に入れかえることができる．最も簡単なのは，アルコールのOHをハロゲンに変える反応と類似のものである．ただし，この場合は，アルコールのときのように，ハロゲン化水素で交換することはできない．塩化チオニルや三塩化リンなどを用いる必要がある．

$$\text{CH}_3-\text{C}(=\text{O})\text{OH} \xrightarrow{\text{SOCl}_2 \text{ または } \text{PCl}_3} \text{CH}_3-\text{C}(=\text{O})\text{Cl}$$

ここに生成した化合物は，一般に，**酸塩化物**と呼ぶ．この種の化合物の性質については，また後で学習する．ここに生成した化合物は塩化アセチルまたは塩化エタノイルという．一般にRC(=O)-の基はアルカノイルと命名する．

問題8.3 ブタン酸に三塩化リンを作用させたときの生成物の構造と名称を示せ．

カルボン酸をアルコールと加熱すると，酸触媒があれば，一般にエステルと呼ばれる化合物が生成する．エステルは，一般にカルボン酸のOHをORに変えた化合物である．エステルの命名は，カルボン酸名の後にアルキルをつけて行う．例えば，次の式で生成するものは，酢酸エチル（エタン酸エチル）である．

$$\text{CH}_3-\text{C}(=\text{O})\text{OH} + \text{CH}_3\text{CH}_2\text{OH} \xrightarrow{\text{酸}} \text{CH}_3-\text{C}(=\text{O})\text{OCH}_2\text{CH}_3 + \text{H}_2\text{O}$$

エステルができる反応は，簡単な水という分子が離脱して，2つの有機分子がくっついたので，**縮合**の一種と考えることができる．この場合，水になる酸素は，カルボン酸からくるのか，それともアルコールからくるのかという問題が起こる．このような問題を解決するには，同位体を用いると疑いのない結論が得られる．アルコールの酸素に原子量18の同位体を用いると，その酸素は，

同位体

同じ元素に属する原子でありながら，質量が違うものがあることが知られている．同じ元素ではあるが，質量の違う原子を同位体という．同位体は，もちろん，同じ元素に属するから，その性質は非常によく似ている．しかし，その質量が違うので，質量分析器（4ページ）を用いると，その原子がどこに行ったかをはっきりと知ることができる．酸素には，原子量18の同位体が知られている．原子の質量は元素記号の左肩に記すことになっているから，前ページの式を同位体の記号を使って示すと次のようになる．

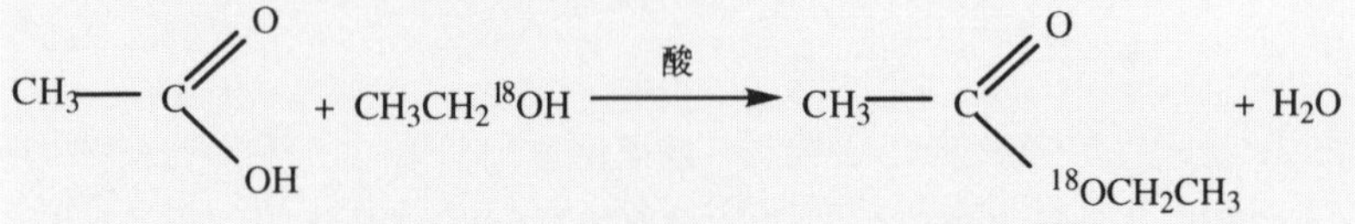

$$CH_3-C(=O)OH + CH_3CH_2{}^{18}OH \xrightarrow{酸} CH_3-C(=O){}^{18}OCH_2CH_3 + H_2O$$

このようにして有機化学反応を研究することを同位体標識法という．

エステルの方に入っていることがわかる．つまり，生成物の水の酸素はカルボン酸からきたものであり，エステルの酸素はアルコールからきたものである．したがって，この反応もカルボキシル基のOHを置換する反応である．

問題8.4 プロパン酸とメタノールの混合物に硫酸を加えて加熱するとき，どのような反応が起こるか，化学反応式を書いて示せ．またそのとき生成する化合物の名称を示せ．

カルボン酸は酸であるから，これにアミンを加えると，塩が生成する．この塩を強く加熱すると，カルボン酸のOHがアミノに置き換わった化合物ができる．その一般式は次の通りである．このとき生成する，カルボニル炭素が窒素と結合を作った化合物を**酸アミド**という．酸アミドは，エタンアミド，窒素に置換基がある時は，N,N-ジエチルエタンアミドなどとして，命名する．

$$R-C(=O)OH + HNRR' \longrightarrow R-C(=O)O^- \; H_2N^+RR'$$

$$\xrightarrow{\text{加熱}} \quad R-\underset{NRR'}{\overset{\overset{\displaystyle O}{\parallel}}{C}} \quad + \quad H_2O$$

問題8.5 エタン酸にメチルアミンを加えた後，加熱したときに生成する物質の構造式を書け．その化合物はどのように命名されるか．

8.2.3 エステルの反応

エステルはカルボン酸と非常によく似た反応を行う．例えば，酸の存在下に水と加熱すると，カルボン酸とアルコールに分解する．

$$CH_3-\underset{OCH_2CH_3}{\overset{\overset{\displaystyle O}{\parallel}}{C}} + H_2O \xrightarrow{\text{酸}} CH_3-\underset{OH}{\overset{\overset{\displaystyle O}{\parallel}}{C}} + CH_3CH_2OH$$

この反応をよくみると，カルボン酸とアルコールからエステルができる反応の逆反応であることがわかる．可逆反応であるから，エステルを合成する反応とエステルを加水分解してカルボン酸とアルコールにする反応とは，化学平衡に達する可能性がある．したがって，エステルを効率よく得るためには，アルコールを過剰に使うとか，生成する水を取り除くような工夫が必要である．

問題8.6 エステルを加水分解する際に，反応を完全に進行させるには，どのような工夫が考えられるか．

エステルは，カルボニル化合物とよく似た付加反応を行う．エステルが，アルデヒドやケトンと違うところは，一度付加が起こると，生成物からアルコールが失われて，再びケトンやアルデヒドを生成するという点である．したがって，エステルの場合には，実際上，カルボニルへの付加が二度起こることになる．

グリニャール試薬の付加を例にとって，その反応機構を説明してみよう．ここで説明する順序は，少し近似したところもあるが，現時点の知識としては，

化学平衡の移動

化学平衡は，右向きの反応と左向きの反応の速度が等しくなったときの状態である．反応の速さ（反応速度）は，温度・圧力などによっても影響されるが，同一温度・同一圧力では，そこで反応する反応種（分子や原子・イオン）の濃度が最も重要である．反応式の右側にある物質の1つが少なくなると，反応が左向きに進む速度が遅くなる．そうすると，化学平衡は右にずれるのである．本文で書いた「アルコールの量を増やす」という方法は，右向きの反応速度を大きくするものであり，「水を取り除く」方法は，左向きの反応を遅くすることにつながる．

ルシャトリエ（Le Chatelier）の法則と呼ばれる関係が，化学平衡に関して，昔からよく知られている．これは，「化学平衡は，外から加えられた影響を緩和する方向に動く」というものである．カルボン酸のエステル化反応をみれば，これもまた，上に述べた反応速度の考え方でよく理解できる．例えば，エステル化反応で，アルコールを多量に加えると，その影響を緩和するために式の右の方に化学平衡が動くのであるが，これはまた，左から右へ行く反応速度が大きくなったことにほかならないのである．

$$RCOOH + R'OH \rightleftarrows RCOOR' + H_2O$$

以下のように理解することには，何も問題がない．

$$CH_3-\underset{OCH_2CH_3}{\overset{O}{C}} + CH_3MgI \longrightarrow CH_3-\underset{OCH_2CH_3}{\overset{OMgBr}{\underset{|}{C}}}-CH_3$$

まず，エステルのカルボニルにグリニャール試薬の付加が起こる．これはケトンにアルコールが付加した化合物と似ているから，臭化エトキシマグネシウムが離脱して2-プロパノンが生成する．

$$CH_3-\underset{OCH_2CH_3}{\overset{OMgBr}{\underset{|}{C}}}-CH_3 \longrightarrow CH_3-\overset{O}{\underset{\|}{C}}-CH_3 + CH_3CH_2OMgBr$$

そこで，2-プロパノンに，またグリニャール付加が起こって，*t*-ブチルアル

コールが生成するのである（ここでは最後のアルコールの生成は省いてある）．

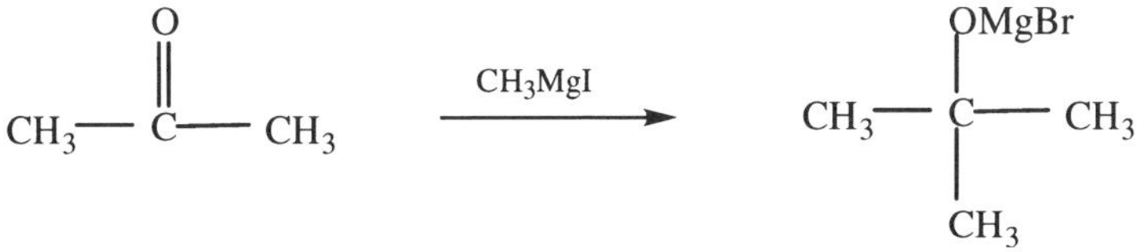

$$CH_3-\underset{\substack{\|\\O}}{C}-CH_3 \xrightarrow{CH_3MgI} CH_3-\underset{\substack{|\\CH_3}}{\overset{\substack{OMgBr\\|}}{C}}-CH_3$$

この反応式からわかるように，エステルにグリニャール試薬を働かせると，生成するのは第3級のアルコールである．しかも，同じグリニャール試薬が2度付加するので，HOがついた炭素原子上にある3つのアルキル基のうち，2つは同じであるという特徴がある．

その構造からすれば，当然といえば当然であるが，メタン酸エステルは例外で，この反応では，同じアルキル基をもった第2級アルコールが生成する．

問題8.7 メタン酸エチルに臭化エチルマグネシウムを反応させたときの反応式を，上の例にならって書け．

エステルに金属水素化物を作用させたときにも，同様の反応が起こる．しかし，エステルの反応性はケトンやアルデヒドよりは弱いので，水素化アルミニウムリチウムを用いる必要がある．今回は，アルキルの代わりに水素が付加するのであるから，エステルからアルデヒドを経て第1級アルコールが生成する．

$$CH_3CH_2\underset{\substack{|\\OCH_2CH_3}}{\overset{\substack{O\\\|}}{C}} \xrightarrow{LiAlH_4} CH_3CH_2CH_2OH + CH_3CH_2OH$$

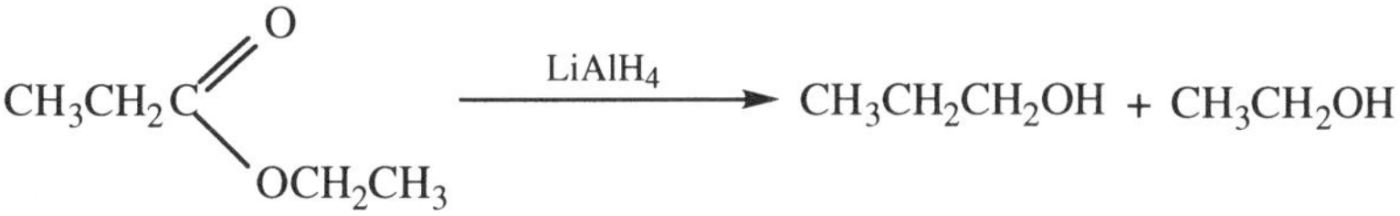

例題8.2 ブタン酸メチルに水素化アルミニウムリチウムを反応させたときの生成物の構造を書け．ただし，無機化合物や副成するメタノールは書く必要がない．

[解答]

$$CH_3CH_2CH_2-\underset{OCH_3}{\overset{O}{\overset{\|}{C}}} \xrightarrow{LiAlH_4} CH_3CH_2CH_2CH_2OH$$

問題8.8 プロパン酸エチルに水素化アルミニウムリチウムを作用させて，1-プロパノールとエタノールとが生成する反応の機構を書け．

エステルに水酸化ナトリウム水溶液を作用させると，カルボン酸のナトリウム塩とアルコールとが得られる．このときも，^{18}Oを用いる実験で，エステル内のエーテル型酸素が，アルコールの中に入ることがわかっている．

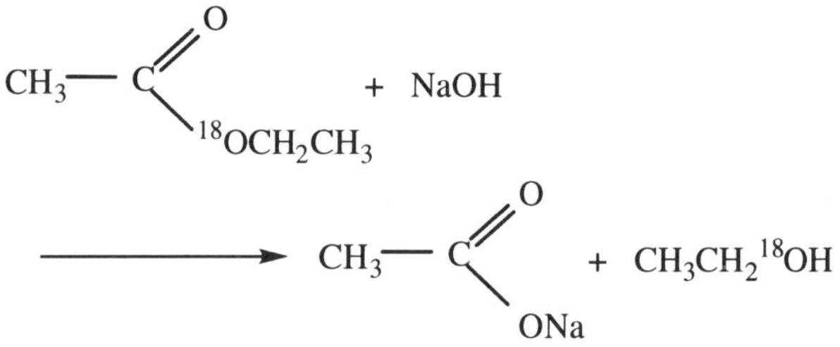

$$CH_3-\underset{^{18}OCH_2CH_3}{\overset{O}{\overset{\|}{C}}} + NaOH$$

$$\longrightarrow CH_3-\underset{ONa}{\overset{O}{\overset{\|}{C}}} + CH_3CH_2{}^{18}OH$$

この反応では，生成するカルボン酸がナトリウム塩となっているので，酸性における加水分解のような，化学平衡は成立しない．

8.3 カルボン酸誘導体

カルボン酸エステルに酸を触媒として水を反応させると，カルボン酸が得られる．同様にして，酸塩化物に水を作用させても，カルボン酸が得られる．このように，加水分解（水と反応して，2つ以上の部分に分かれること）によってカルボン酸を与える一群の化合物を**カルボン酸誘導体**という．

8.3.1 酸アミド

カルボン酸にアンモニアやアミンを加えて強く加熱するとアミドが生成することを学習したが，これらのアミドも，酸性で水を加えて加熱すると，加水分

解が起こって，カルボン酸とアミンの塩が生成する．したがって，酸アミドもカルボン酸誘導体である．例えば，N-メチルエタンアミド（N-メチルアセトアミド）は，塩酸酸性の加水分解で，エタン酸（酢酸）とメチルアミン塩酸塩を与える．

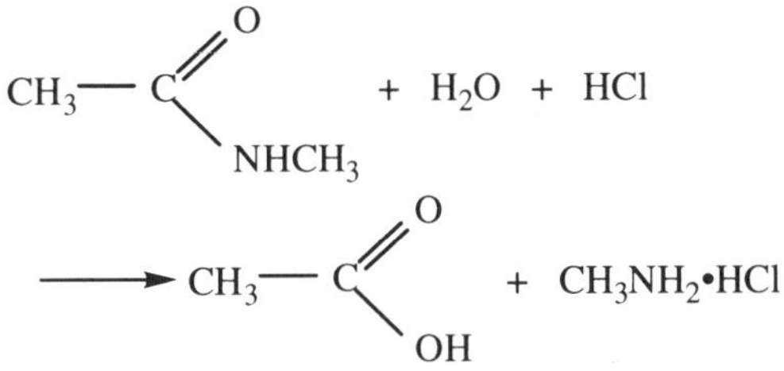

$$CH_3-\underset{NHCH_3}{\overset{O}{\overset{\|}{C}}} + H_2O + HCl$$

$$\longrightarrow CH_3-\underset{OH}{\overset{O}{\overset{\|}{C}}} + CH_3NH_2 \cdot HCl$$

酸アミドは，またアルカリ性水溶液で加水分解することもできる．生成物はカルボン酸の塩と，アンモニアまたはアルキルアミンである．

問題8.9 N-エチルエタンアミド（N-エチルアセトアミド）を水酸化ナトリウムで加水分解する反応の式を書け．

8.3.2 ニトリル

第3章で，ハロゲン化アルキルにシアン化ナトリウムを作用させると，炭素・窒素の結合をもつ化合物が生成することを知った．このような化合物で，炭素が4価，窒素が3価を満足する式を書くと，炭素と窒素の間に三重結合がなければならないことがわかる．このような化合物を，一般に**ニトリル**という．

$$R-C\equiv N \quad \text{（ニトリルの一般式）}$$

ニトリルは，英語ではalkanenitrileのようにして命名するが，エタンニトリル（ethanenitrile）をアセトニトリルと呼ぶ慣用名も，広く用いられている．またN≡C-の原子団をシアノ基として命名することもできる．

問題8.10 エタンニトリルの構造式（共有結合をすべて価標で表したもの）を書け．

問題8.11 2-シアノブタンの構造式（共有結合をすべて価標で表したもの）

を書け.

ニトリルは，ハロゲン置換アルカンとシアン化ナトリウムの反応で合成されるほか，窒素に置換基のない酸アミドを五酸化二リンで脱水することによっても合成することができる.

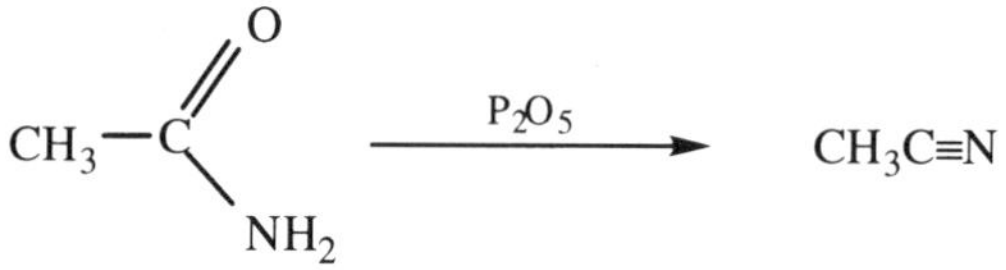

$$CH_3-\underset{NH_2}{\overset{O}{\overset{\|}{C}}} \xrightarrow{P_2O_5} CH_3C\equiv N$$

ニトリルは，酸でもアルカリでも加水分解することができ，生成物はカルボン酸またはその塩である．したがって，ニトリルもカルボン酸誘導体ということができる．ただし，アルカリによる酸アミドの加水分解は遅いので，ニトリルの加水分解は，酸アミドの段階で止まることも多い．

例題8.3 エタンニトリルをアルカリ触媒で加水分解してエタンアミドを生成する反応式を書け．

［解答］エタンニトリルおよびエタンアミドの式は，それぞれ，下に示した通りであるから，答は

$$CH_3C\equiv N + H_2O \longrightarrow CH_3-\underset{NH_2}{\overset{O}{\overset{\|}{C}}}$$

となる．

ニトリルはまた，アルコールを溶媒として，酸の存在下に加熱すると，直接エステルを与える．この際，水が1分子必要であるので，少量の水を加える．これは，エステルの合成法として重要である．

$$RC\equiv N + R'OH + H_2O + HCl \longrightarrow RCOOR' + NH_4Cl$$

問題 8.12 少量の水を含むエタノールを溶媒とし,エタンニトリルを溶かし,塩化水素を吹き込んだときに予想される反応の式を書け.

8.3.3 酸無水物

カルボン酸の塩に塩化アルカノイルを作用させると,2分子のカルボン酸から1分子の水が脱離した形の化合物が生成する.この種の化合物を,**酸無水物**という.一般にこれらの化合物はカルボン酸名の後に無水物をつけて命名する.例えば,次の反応で生成する化合物は無水エタン酸または無水酢酸と呼ばれる.

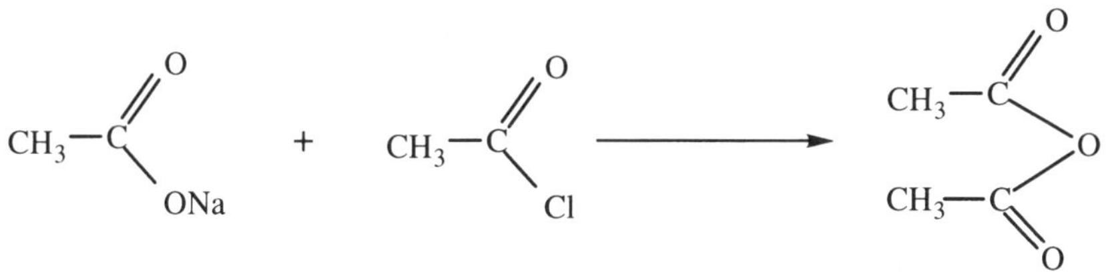

$$CH_3-\underset{O}{\overset{O}{C}}-ONa + CH_3-\underset{Cl}{\overset{O}{C}} \longrightarrow CH_3-\underset{O}{\overset{O}{C}}-O-\underset{O}{\overset{}{C}}-CH_3$$

無水エタン酸は,水と温めるだけで,容易に加水分解して,エタン酸となる.よって,酸無水物もカルボン酸誘導体である.

酸無水物は,アミンと容易に反応して酸アミドを与え,アルコールと反応してエステルを与える.

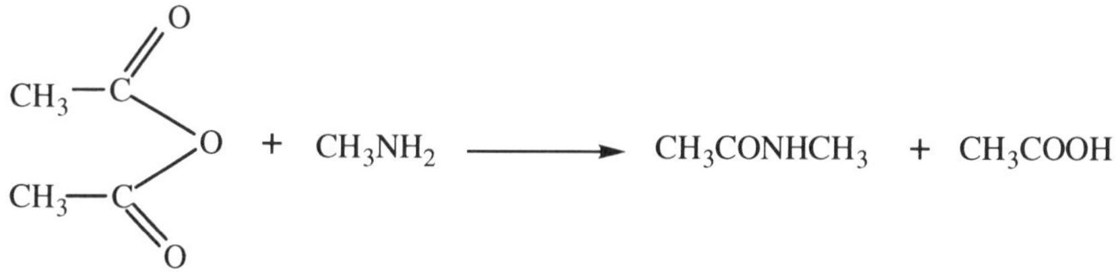

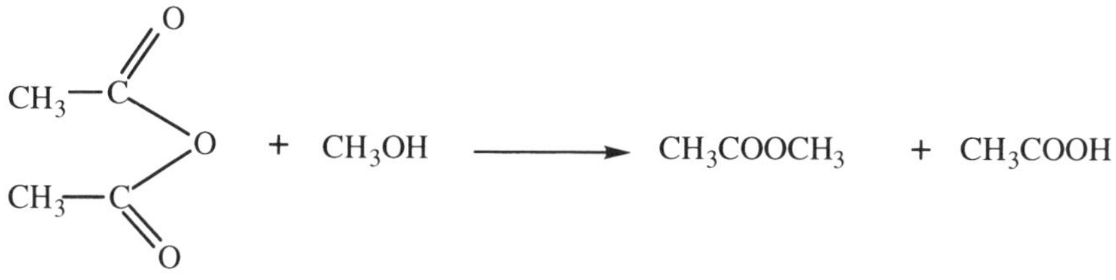

$$(CH_3CO)_2O + CH_3NH_2 \longrightarrow CH_3CONHCH_3 + CH_3COOH$$

$$(CH_3CO)_2O + CH_3OH \longrightarrow CH_3COOCH_3 + CH_3COOH$$

問題8.13 無水ブタン酸の構造式を書き，それに水を反応させたときに予想される反応式を書け．

問題8.14 無水エタン酸にエタノールを作用させたときにできるエステルの構造式を書け．

無水酢酸がアルコールやアミンと反応してエステルやアミドを作る反応をアセチル化という．アセチル化はまた，塩化アセチルでも行うことができる．また一般に，アルコールやアミンをRC(=O)OR′型のエステルおよびRC(=O)NR′R″型のアミドに変える反応をアシル化ということがある．アセチル化やアシル化は，また，アシル基［RC(=O)-］を導入してケトンを合成する場合にも使われる．

8.3.4 カルボン酸誘導体の反応性の比較

これまで，4種類のカルボン酸誘導体について述べてきた．これらの誘導体は，いずれも加水分解するとカルボン酸になるのだが，その反応性の順はどうなるのだろう．いくつかの例は，すでに指摘してあるが，次のような反応性があることが知られている．

酸塩化物　＞　酸無水物　＞　エステル　＞　ニトリル　＞　酸アミド

ニトリルは，カルボニル基をもっていないから比較は難しいが，それ以外の例では，カルボニル基についている元素が，周期表で右の方にあるほど反応性が大きいということができる．酸無水物とエステルでは，いずれも，カルボニル基に酸素がついているのであるが，その先では，酸無水物の方が，周期表の右の方にある原子がついている．これらは，カルボニル基についている原子の電気陰性度が高いほど（56ページ参照）反応性が大きいとまとめることができる．

問題8.15 ここでは取り上げないカルボン酸誘導体として，RC(=O)Brの一般式で知られる酸臭化物という化合物もある．この化合物の反応性を，上記

の順番に入れるとすると，どの位置が適当か．

これまで，カルボン酸誘導体の構造式として，炭素・酸素二重結合を明記した式を書いてきたが，紛れがない場合には，下記のような，簡略化した構造式で示すこともできる．

RCOCl	$(RCO)_2O$	RCOOR'	$RCONH_2$	RCN
塩酸化物	酸無水物	エステル	酸アミド	ニトリル

これまで，カルボン酸誘導体とは，加水分解によって，カルボン酸を与える化合物であるとの定義をしてきたが，ここで，新たな定義をすることが可能になった．すなわち，炭素原子に3個の（種類は違ってもよい）炭素よりも電気陰性度の高い原子が結合していれば，それはカルボン酸誘導体である．ここでは述べなかったそのほかのカルボン酸誘導体や，なぜこれらの物質が加水分解によってカルボン酸を与えやすいのかについては，専門の有機化学で学習することになる．

8.4 カルボン酸のカルボニル炭素の隣で起こる反応

カルボン酸もカルボニル基をもっているので，アルデヒドやケトンとよく似た反応性を示す．ただし，カルボン酸は酸性であるので，強い塩基と反応させると塩になってしまう．それで，エステルとしての反応だけが知られているものもある．

カルボン酸に臭素を反応させると，カルボニルの隣の炭素（α（アルファ）炭素）の臭素化が起こる．ただし，アルデヒドやケトンよりは反応性が小さくなっているので，リンなどの触媒になる物質を加える必要がある．

$$CH_3COOH + Br_2 \xrightarrow{P} \xrightarrow{H_2O} BrCH_2COOH + HBr$$

問題 8.16 プロパン酸に，リンを触媒として臭素を反応させたときの生成物を予測し，その反応式を書け．

例題8.4 2-ブロモエタン酸ナトリウムにシアン化ナトリウムを作用させた後，濃塩酸を含むエタノールと加熱して得られる化合物の構造を指摘せよ．

［解答］ これは，かなり複雑な問題ではあるが，これまでに学習したことを総合した問題である．それらを分けて考えればそれほど難しい問題ではない．

まず最初に，2-ブロモエタン酸ナトリウムとシアン化ナトリウムとの反応は

$BrCH_2COONa + NaCN \longrightarrow N≡CCH_2COONa + NaBr$

が予想される．次にニトリルが酸性下にアルコールと反応するとエステルができるのであるが，同じ条件下でカルボン酸塩もカルボン酸を経てエステルとなるから，次に起こる反応は，次の式に示す通りである．

$N≡CCH_2COONa + 2\,CH_3CH_2OH \longrightarrow CH_2(COOCH_2CH_3)_2$

エステルにナトリウムアルコキシドを作用させると，α位に水素がある化合物では，アルドール縮合とよく似た反応が起こる．この反応は，**クライゼン** (**Claisen**) **縮合**と呼ばれることが多い．アルドール縮合と違うところは，やはり，アルコキシが抜けやすい点である．それで，生成物はケトン基をもつエステルである．

$2\,CH_3COOCH_2CH_3 \longrightarrow CH_3\underset{OH}{\overset{OCH_2CH_3}{\underset{|}{\overset{|}{C}}}}CH_2COOCH_2CH_3 \longrightarrow CH_3COCH_2COOCH_2CH_3$

問題8.17 上の式で，2番目に書いた化合物ができる反応が，どのようなものか考えてみよ．

章末問題

8.1 これまでに学習したカルボン酸の合成法をまとめよ．

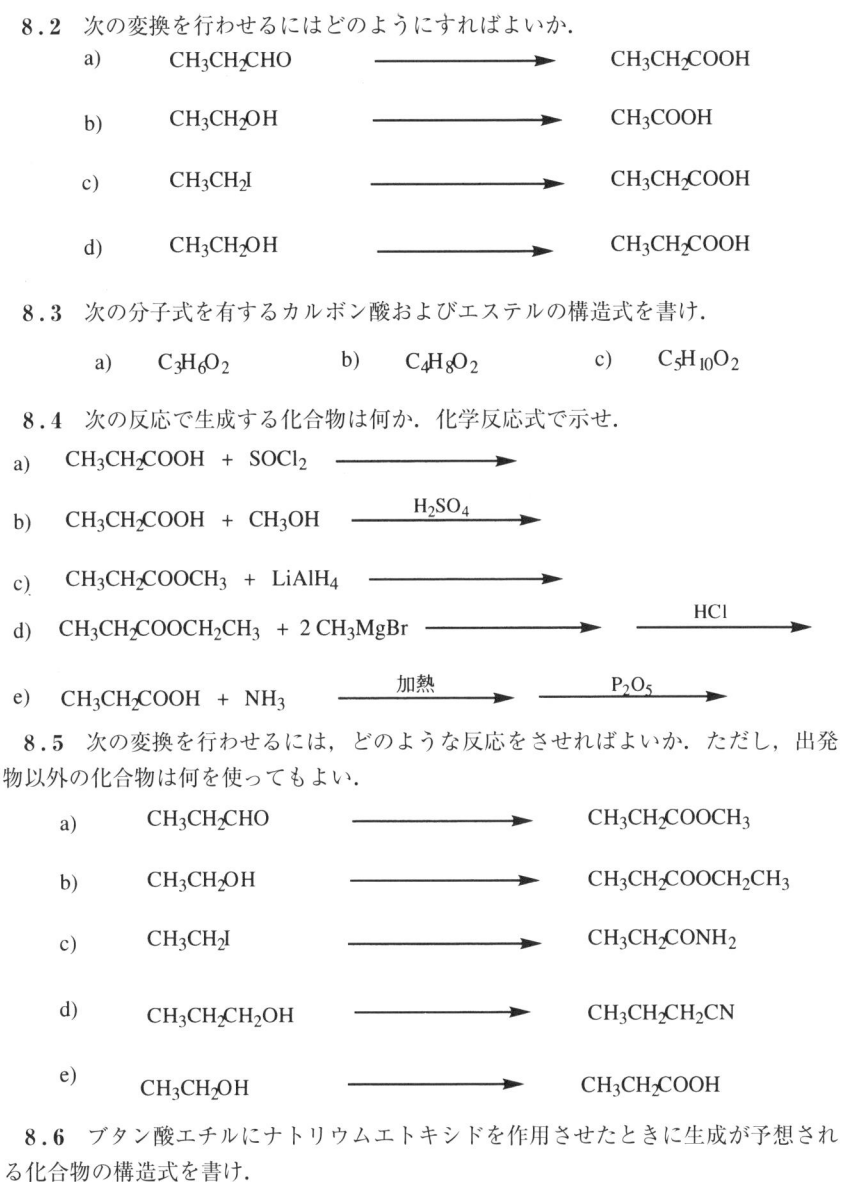

8.2 次の変換を行わせるにはどのようにすればよいか．

a) $CH_3CH_2CHO \longrightarrow CH_3CH_2COOH$

b) $CH_3CH_2OH \longrightarrow CH_3COOH$

c) $CH_3CH_2I \longrightarrow CH_3CH_2COOH$

d) $CH_3CH_2OH \longrightarrow CH_3CH_2COOH$

8.3 次の分子式を有するカルボン酸およびエステルの構造式を書け．

a) $C_3H_6O_2$　　b) $C_4H_8O_2$　　c) $C_5H_{10}O_2$

8.4 次の反応で生成する化合物は何か．化学反応式で示せ．

a) $CH_3CH_2COOH + SOCl_2 \longrightarrow$

b) $CH_3CH_2COOH + CH_3OH \xrightarrow{H_2SO_4}$

c) $CH_3CH_2COOCH_3 + LiAlH_4 \longrightarrow$

d) $CH_3CH_2COOCH_2CH_3 + 2\,CH_3MgBr \longrightarrow \xrightarrow{HCl}$

e) $CH_3CH_2COOH + NH_3 \xrightarrow{加熱} \xrightarrow{P_2O_5}$

8.5 次の変換を行わせるには，どのような反応をさせればよいか．ただし，出発物以外の化合物は何を使ってもよい．

a) $CH_3CH_2CHO \longrightarrow CH_3CH_2COOCH_3$

b) $CH_3CH_2OH \longrightarrow CH_3CH_2COOCH_2CH_3$

c) $CH_3CH_2I \longrightarrow CH_3CH_2CONH_2$

d) $CH_3CH_2CH_2OH \longrightarrow CH_3CH_2CH_2CN$

e) $CH_3CH_2OH \longrightarrow CH_3CH_2COOH$

8.6 ブタン酸エチルにナトリウムエトキシドを作用させたときに生成が予想される化合物の構造式を書け．

8.7 次の反応の機構を書け．

a) プロパン酸エチルにヨウ化メチルマグネシウムを作用させた後，塩酸で処理する．

b) メタン酸エチルに臭化ブチルマグネシウムを作用させた後，塩酸で処理する．
c) ブタン酸メチルに水素化アルミニウムリチウムを作用させた後，酸性にする．

8.8 次の反応の生成物は何か．反応式を書いて示せ．
a) メチルアミンに無水ブタン酸を作用させる．
b) エタノールに塩化アセチルを作用させる．
c) エチルアミンに塩化アセチルを作用させる．

9. 有機化合物の立体化学

　これまで，有機化合物の構造は，すべて紙の上に書ける形，すなわち，2次元の形をしているものと考えてきた．しかし，有機化学の研究が進むにつれて，有機化合物の構造は3次元的に考えなければならないことがわかってきた．本章では，有機化合物の立体的な構造とそれにともなう新しい異性体について学習する．

9.1　炭素原子のまわりの置換基の配置

9.1.1　四面体配置

　炭素原子が4価であるとして，4個の置換基は炭素原子のまわりの空間に，どのように存在しているのだろう．例をメタンにとって考えてみよう．炭素原子に4個の水素原子が結合するときの空間における位置（配置）は一般的に，次のようなものが考えられよう．

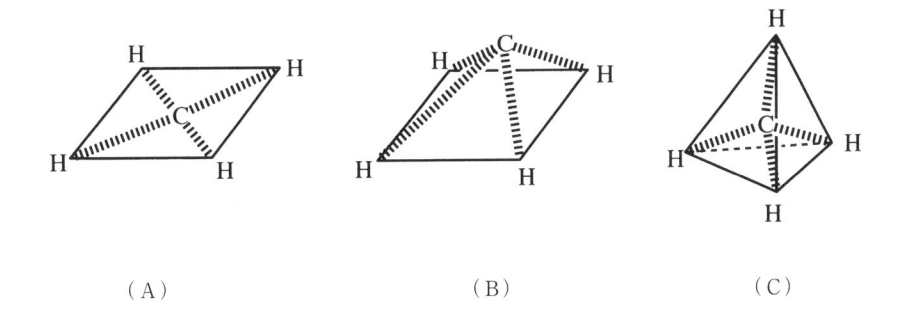

　　　（A）　　　　　　　　　（B）　　　　　　　　　（C）

(A)は正方形，(B)はピラミッド形，(C)は正四面体形と呼ぶことにしよう．もちろん，これらの変形も考えられるけれども，それぞれに近いものは，その近い形に含まれているものとする．これらの配置のうち，どれが本当にメタンの構造かは，これまでの化学の知識ではわからない．しかし，研究が進んでくると，化学的な知識から，異性体の数を利用して，どの配置が正しいかを指摘することができる．まず，これまでに学習したプロパンやエタノールには異性体が存在しない．もし，炭素が(A)の配置をとるとすれば，次の図からもわかるように，プロパンにも(D)と(E)の異性体がなければならない．

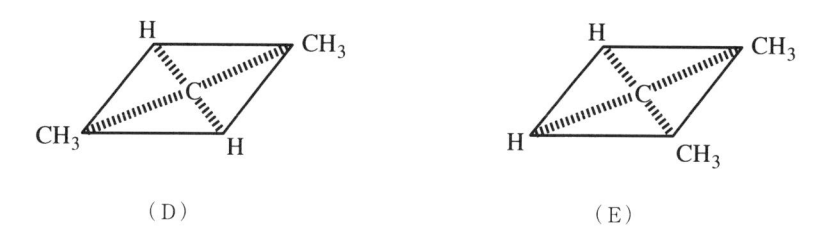

(D)　　　　　　　　　　　(E)

問題9.1 エタノールについて，プロパンの(D)と(E)に当たる構造を書け．

しかし，プロパンやエタノールには，このような異性体は知られていないから，正方形の模型は正しくないことがわかる．

同じようにして，ピラミッド形の模型も，プロパンやエタノールに異性体がないことを説明することができない．それで，ピラミッド形模型も実際の有機化合物の3次元的構造を表すものではないことがわかる．

例題9.1 ピラミッド形模型では，どのような異性体が考えられるか，図を書いて説明せよ．

［解答］　エタノールを例にとると，次のような異性体が考えられるが，実際にはエタノールには異性体はない．

9.1 炭素原子のまわりの置換基の配置

それでは，炭素は，正四面体の構造をしているのだろうか．それが正しいという化学的な証拠があるのだろうか．

正四面体構造が正しいという証拠は，意外なところから得られることになった．それは，光学異性体の存在である．

乳酸（2-ヒドロキシプロパン酸）という化合物がある．これは平面的に書くと次の構造をしている．

$$CH_3-C(H)(OH)-COOH$$

しかし，この化合物には異性体が存在する．その性質を，表9.1に示してある．表の値にはいくらかのバラつきがあるが，誤差を考えると，これら2つの化合物は，旋光性がプラスと，マイナスとの差があるだけで，そのほかの性質はまったく等しいということができる．しかも，旋光性の絶対値は同じである．プラスの旋光性をもつ乳酸はブドウ糖などの発酵によって得られ，マイナスの旋光性をもつものは，我々が疲労したときに筋肉の痛みを覚えるもとになる物質である．

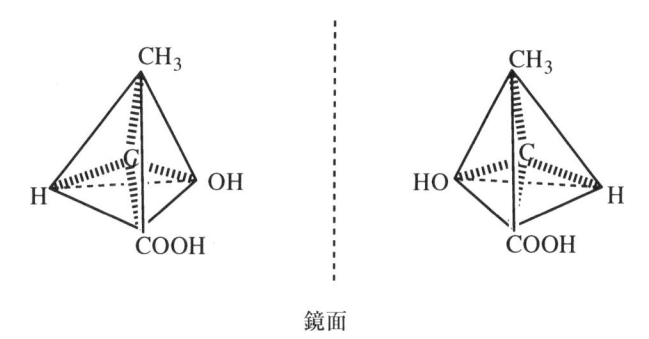

鏡面

9. 有機化合物の立体化学

表9.1 右旋性と左旋性乳酸の性質

性　質	右旋性乳酸	左旋性乳酸
融　点	26	26
施光性	+4	−3
Ca 塩の施光性	−8	+8
$CH_3CH(OCOCH_3)COOC_2H_5$の沸点(℃/1466 Pa)	73–74	71–72

　炭素が正四面体配置をとるとして，乳酸のカルボキシル基がついた炭素原子を中心に置いて考えると，前ページの図のように2つの形が考えられる．これらは，互いに重ね合わせることができないから，これらが異性体であるとするには都合がよい．そしてよくみるとこれら2つの形は，真中に平面鏡を置くと一方が実像，他方はその鏡像の関係にあることがわかる．このことは，乳酸には，旋光方向の差があるだけで，そのほかの性質はすべて同じであるという事実を説明するのにも都合がよい．

　この考えは，1874年に，オランダのファントホッフ（van't Hoff）およびフランスのルベル（Le Bel）によって独立に提唱された．最初はこの説はなかな

旋光性

　光は，進行方向に対して直交する方向に，あらゆる角度で振動しながら進む波と考えられているが，ニコルのプリズムという方解石を貼り合わせたプリズムを通すと，1平面内でのみ振動する光に変えることができる．このような光を偏光という．偏光を，乳酸のような物質またはその溶液に通すと，その振動面が元の向きから回転するという現象が起きる．これを旋光といい，旋光を起こす性質のある物質のことを旋光性がある，または光学活性であるという．偏光面を時計回りに回転させるものをプラス，反時計回りに回転させるものをマイナスの旋向性があるという．旋光性を示す物質は，有機化合物ばかりでなく，水晶にも旋光性がある．

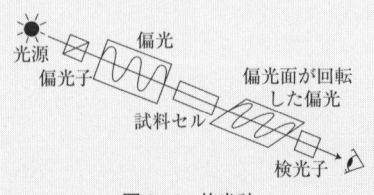

図9.1　旋光計

か受け入れられなかったが，徐々に世界の多くの人がこの考えを支持するようになり，20世紀になってから，仁田勇がペンタエリトリトール［C(CH₂OH)₄］と呼ばれる化合物のX線構造解析を行って，4個の置換基がついた炭素原子は，正四面体構造をしていることを確かめた．いちいち正四面体構造を書くのは煩雑で，時には理解を妨げることもありうるから，今後は，必要ならば，下記のように単純化して，結合の方向だけを示すことにしよう．

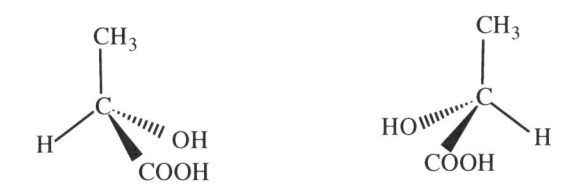

問題9.2 正四面体説では，プロパンやエタノールに異性体が存在しないことを説明せよ．

旋光性をもつ物質は乳酸のみでなく，たくさんの生物由来の化合物に旋光性があることが明らかとなった．そして，それらの構造を調べると，例外なく，分子のどこかに，どの2つも同じでない置換基をもつ炭素原子が，少なくとも1個存在していることがわかった．これらの3次元的な構造が，上図の乳酸と同じように書けることは明らかである．それで，この特徴の元になる炭素原子，つまり置換基が4つとも違う炭素原子，のことを**不斉炭素原子**と呼ぶ．また，ここに述べた説明からも明らかなように，分子が光学活性になるためには，上図のような構造があればそれで十分で，中心にある原子が炭素原子である必要はない．実際，中心が炭素原子以外の化合物でも，光学活性になれるものが，現在では多数知られている．このため，現在では，不斉炭素原子というよりも，**キラル中心**ということが多い．ここでキラルというのは手のひらのことで，右手と左手を重ね合わせることはできないが，それらは，互いに実体と鏡像の関係をしていることを表すものである．

例題9.2 $CH_3CH(NH_2)COOH$ の構造式をもつ化合物について，キラル中心

のまわりの置換基の配置を書き，互いに実体と鏡像の関係にある，2つの異性体を示せ．この化合物は，アラニン（2-アミノプロパン酸）と呼ばれる化合物で，我々の体を作るタンパク質のもととなるアミノ酸の1種である．

［解答］　この化合物では，キラル中心に，メチル基，アミノ基，カルボキシル基，水素がついている．それで，次の構造式が書ける．

ここでは，前回に書いた四面体式から，少し位置を変えて書いてある．これは，これから書く構造式に変換するのに便利のためにしたものである．別にこれが正解で，ほかのものは間違っているというわけではない．また置換基の位置も，それが鏡像になるようにさえ配置されていれば，ここに示したもの以外でもよい．ここに書いたのは，将来の構造式を書くのに便利なように，置換基を配置しただけである．

乳酸やアラニンでは，その結合の順序や結合の種類はすべて同じである．違う点は，それら置換基の空間的な配置が異なることだけである．このような異性体を**立体異性体**という．そして，置換基の空間的な配置が違うことを，立体配置が違うといい，立体配置を示す構造式を立体構造式という．さらに，平面鏡に映した実体と鏡像の関係にある2つの異性体を，互いに**エナンチオマー**であるという．空間における原子配置を研究する学問分野は**立体化学**と呼ばれる．

9.1.2　絶対配置

旋光性がプラスかマイナスかだけが違うのがエナンチオマーであることがわかった．どちらの異性体がプラスの旋光性をもち，どちらがマイナスかということは，現在ではわかっている．それで，それらのエナンチオマーを区別することは大事なことである．この表示を決める規則に，カーン-インゴールド-プレログ（Cahn-Ingold-Prelog）規則と呼ばれるものがあり，略してC. I. P. 規

則という．この規則の概略を次に説明しよう．
　炭素がキラル中心になっている場合には，炭素に4種の置換基がついているから，これにまず順序を決める．決める手順は，まず原子番号である（裏見返し周期表参照）．
1) 原子番号が大きいほど，その原子は優先する．
2) キラル中心についている原子が同じ場合には，その次に結合している原子の原子番号が大きい方を優先する．
3) 4種の置換基の順序が決まったら，一番優先性の低い原子を目から遠くなるように置き，そのとき，残りの置換基の優先順序1, 2, 3の回り方を調べる．右回りならR，左回りならSとする．
115ページで示した乳酸の左側の立体構造式の化合物について考えてみよう．

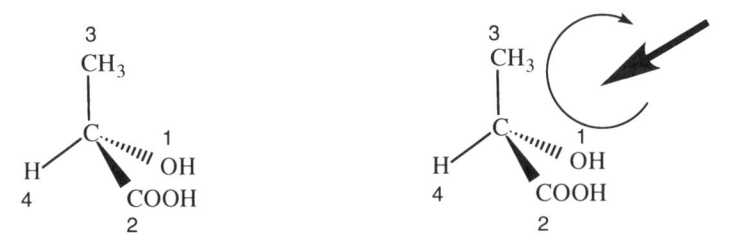

　この化合物のキラル中心についている4種の置換基のうち，水素の原子番号が一番小さくて，酸素の原子番号が一番大きいことは間違いがない．したがって，酸素が1番，水素が4番である．しかし，ほかの2つは，いずれも炭素でキラル中心につながっている．このとき，2番目の規則を適用する．メチル基では，炭素には水素原子がつながっているだけであるが，カルボキシル基では，炭素原子に酸素原子がつながっている．それで，カルボキシル基が2番，メチル基が3番の順序が決まる．
　ついで，上記右の図のように，太い矢印の方向からこの分子をみる．4番目の水素原子は，目から最も遠くなるように置いてある．このとき，1→2→3の回り方をみると，これは右回りであることがわかる．それで，この立体配置はRである．R配置の乳酸はマイナスの旋光性をもっていることが知られている．このように，立体配置と旋光性との関係がはっきりとしているものについ

ては，その立体配置を**絶対配置**という．RやSは絶対配置を表す記号である．

問題9.3 乳酸のもう1つの異性体について，その絶対配置がSであることを確かめよ．

問題9.4 アラニンの2つの異性体の絶対配置を決め，RとSで表せ．なお，アラニンのマイナスの旋光性をもったものはRの配置であることがわかっている．

9.1.3 フィッシャーの投影式

新聞やテレビなどで，L-アラニンといった表現をみたり聞いたりすることがあるであろう．これは，もう1つの立体配置の表し方で，それは，フィッシャー（Fischer）の投影式と呼ばれるものに由来している．フィッシャー投影は，もともとブドウ糖などの化合物の立体配置を示すために作られた約束である．ここでは，次のような約束をする．

1) 四面体状炭素原子がつながった鎖をまっすぐにみえるように紙の上に置く．このとき，アルデヒドやカルボキシル基は紙の上にくるように置く．
2) そのまま分子を紙の上に投影する．不斉炭素原子は，交点として表すことにする．
3) アミノ酸の場合には，カルボキシル基から最も近い不斉炭素原子に関して，アミノ基が左に出ているものをL，右に出ているものをDとする（ブドウ糖の仲間では，アルデヒドやカルボキシル基から最も遠い不斉炭素原子についたヒドロキシル基が，投影式上で右に出ているものをD，左に出ているものをLとする）．

この約束に従って，フィッシャーの投影式を書き，アラニンのDまたはLを決めてみよう．まず，四面体式を投影式に直さなければならない．116ページに示したアラニンの立体構造式の左側のものについてやってみよう．必ずしも，立体構造式を四面体式に直す必要はないのだが，理解を容易にするため，まず，四面体式を作ってみよう．

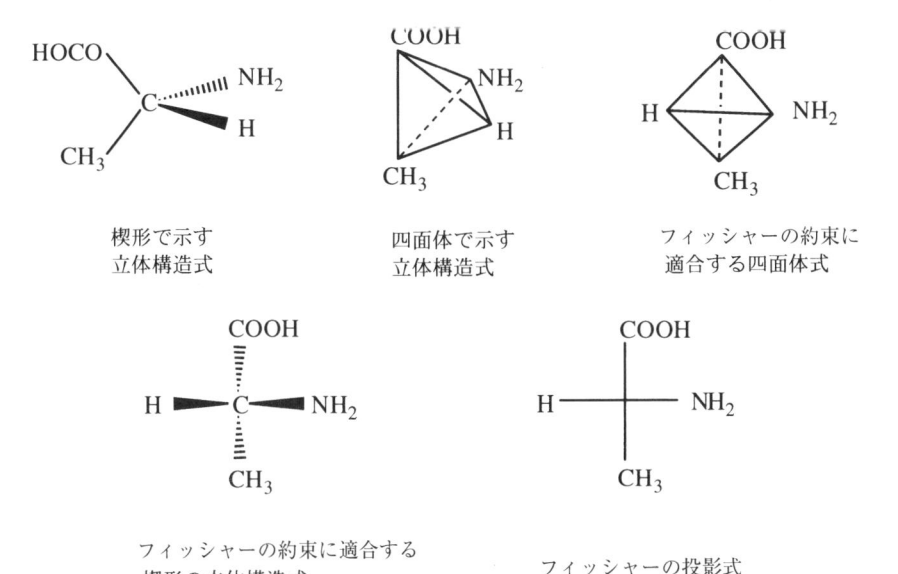

9.1 炭素原子のまわりの置換基の配置

楔形で示す
立体構造式

四面体で示す
立体構造式

フィッシャーの約束に
適合する四面体式

フィッシャーの約束に適合する
楔形の立体構造式

フィッシャーの投影式

まず，楔形で書いたアラニンの構造式を四面体にしてみる．この変換には，問題はないであろう．ついで，この四面体を水平方向に回転させてCH_3と$COOH$をつなぐ辺が紙の上下にくるように置く．こうするとCH_3-C-C（カルボキシ）は，投影したとき，紙の上で一直線になる．慣れてくれば，これをそのまま紙の上に投影してフィッシャーの投影式が得られるようになるであろう．慣れないうちは，もう一度四面体式を楔形の立体構造式に戻してもよい．アラニンの立体構造式は，この投影に便利なように書かれていたのである．この立体配置はD-アラニンであった．

問題9.5 天然にあるL-アラニンのフィッシャー投影式を書いてみよ．その絶対配置はRかSか．

9.1.4 フィッシャー投影式と絶対配置との関係

フィッシャーの投影式から絶対配置もわかるだろうか．答えはイエスである．なぜならフィッシャー投影も，立体配置を示すことに違いがないのだから．

フィッシャー投影から絶対配置を知るには，それを四面体式に戻せば，話は

簡単である．これはキラル中心が1つしかないときには容易である．例えば，次に示すように，フィッシャーの投影式を四面体式に直す．

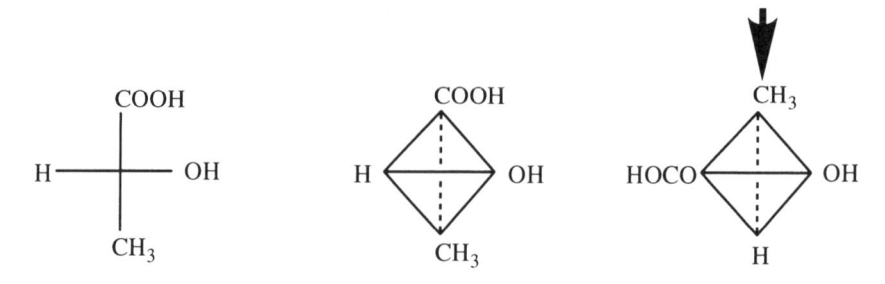

慣れてくれば，これがRの絶対配置であることはすぐわかるのだが，わからなければ，一度水素が下にくるように四面体を回転してみる．このとき，間違いやすいから，置換基を書くときに注意が必要である．そして，上から，この四面体をみる．3つの置換基の回り方は右回りであるから，これはR形である．

上のやり方では，水素を一番下にもってくるときに間違いが起こりやすい．さらに，次節で述べるような，キラル中心が2つになってくると，フィッシャー投影式を四面体に直すというのは，実際的でなくなってしまう．そこで，簡便な方法を述べておこう．この際は，キラル中心についた2個の置換基を入れかえると立体配置が逆転するという原理を使う．

問題9.6 2つの置換基を入れかえると，立体配置が逆転することを，四面体式を使って証明せよ．

1回置換基を入れかえれば逆転するのだから，2回置換基を入れかえれば，もとと同じ立体配置に戻る．この操作は次のようにして表すことができる．

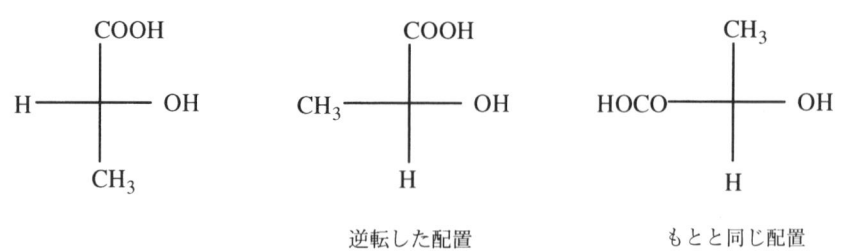

逆転した配置　　　　　　もとと同じ配置

すなわち，まずメチル基と水素を入れかえると逆転した配置が得られる．ついでメチル基とカルボキシル基を入れかえると，もとと同じ配置になる．このとき，2回の交換のうちで，水素が必ず下にくるようにする必要がある．最後に得た投影式は，上で四面体に直したものと等しいことがわかるであろう．最も簡単には，最後の投影式の上で，C. I. P. 規則に基づく1→2→3の回り方を調べる．これはOH→COOH→CH$_3$であるから，この投影はR形を表している．

9.2 キラル中心が2つある化合物

キラル中心が1分子の中に2個あるときには，異性体の数はどうなるのだろう．それぞれのキラル中心につき，RとSの異性体があり，2つのキラル中心は独立なのだから，異性体はRとR，RとS，SとR，SとSになるはずである．つまり，キラル中心が分子内に2個ある化合物では，4種の立体異性体が可能である．この中で，RRとSSでは，互いにエナンチオマーであり，RSとSRもそうであるが，例えば，RRとRSとは，立体異性体ではあるが，エナンチオマーではない．このような関係にある立体異性体を**ジアステレオマー**であるという．これらを，天然のアミノ酸の1つであるトレオニンを例として，フィッシャーの投影式で書けば次のような関係になる．

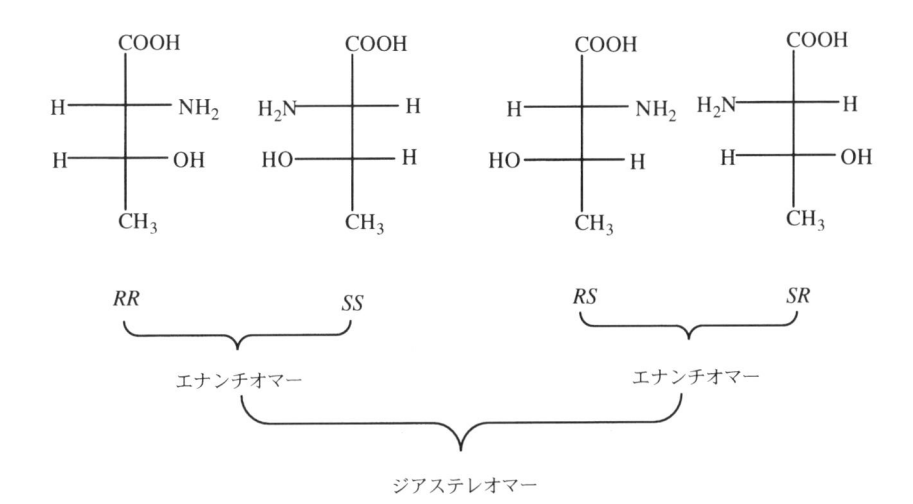

天然にあるトレオニンは，SRの立体配置をもったものである．ただし，最初に書いた立体配置の記号は，カルボキシル基の隣の炭素，2番目の記号はヒドロキシル基のついた炭素の立体配置を表している．

問題9.7 トレオニンの異性体について，それぞれの立体配置が図に示したような関係になっていることを，フィッシャーの投影式から確認せよ．

キラル中心が2つあるものでも，フィッシャー投影式で2つのキラル中心の中程に上下対称の面があるものがある．この場合の投影式を，酒石酸と呼ばれる化合物を例にして，下に示す．

フィッシャーの投影式で上下対称になるのは，RSとSRの組である．フィッシャーの投影式を，そのまま上下反対になるように回しても，立体配置に変化はない．そうしてできるSRからの投影式は，RSとまったく同じである．よって，この場合には，RSとSRは同一物質である．そして，これは光学不活性である．すなわち，偏光面を回転させる能力がない．このように，分子内に対称面があるために光学不活性になる異性体のことを**メソ形**と呼ぶ．

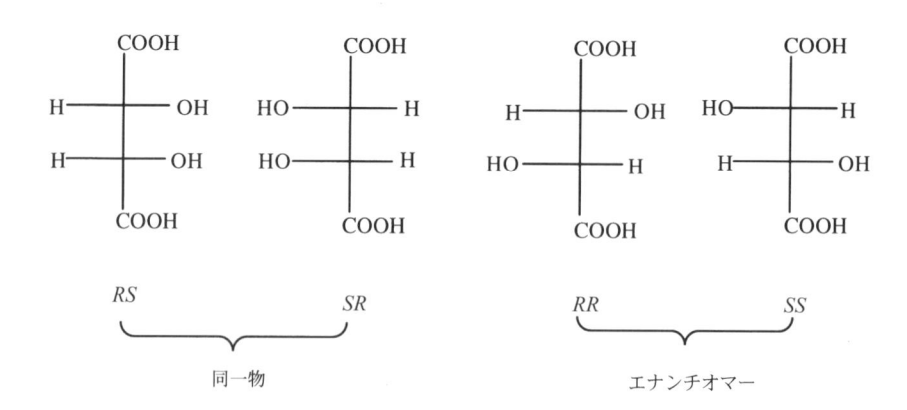

問題9.8 これまで異性体の存在を考えてこなかったが，2-ブテンに臭素が付加した化合物は，どのような異性体が可能か考えてみよ．

9.3 立体配座

9.3.1 鎖状化合物の立体配座

これまで，炭素原子の立体配置を，比較的複雑な化合物について述べてきたが，これまでの考察は，最も簡単な有機化合物であるメタンにも当てはまる．すなわち，メタンは，正四面体構造をしている．そこで，メタンの立体構造式は，次のように書けるのだが，メタンの次の炭化水素，つまりエタンはどうなるのか考えてみよう．

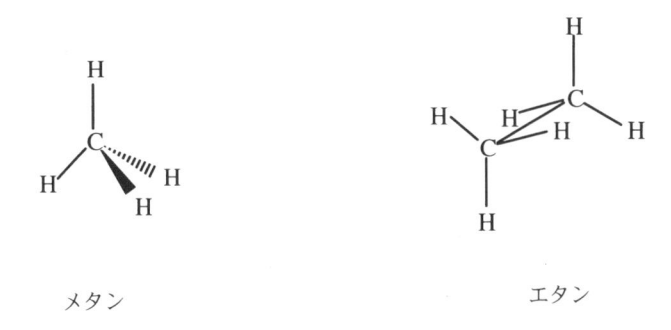

メタン　　　　　　エタン

エタンの立体構造式を，メタンのように正確に正四面体形に書くことはなかなか難しい．それで，エタンの構造式は，通常，上図右のように書くことにしている．また，しばしば炭素を省略する．

例題9.3 エタンの構造式にならって，プロパンのC_1-C_2に関する立体構造式を書いてみよ．

［解答］ C_1-C_2に関する立体構造式を書くのであるから，これはエタンのメチル置換体とみなせばよい．メチル基の位置はどこに書いてもよい．その2例を次に示す．

ところで，このような立体的な構造式をいつも書くのは煩雑であるので，有機化学では，より簡単な**ニューマン（Newman）の投影式**と呼ばれるものを頻繁に使う．ニューマンの投影式は，どちらの炭素を手前にしてもよいが，炭素・炭素軸の方向からみて，つまり，2つの炭素を重ねて，そこに出ている結合の方向を示すことにしている．すでに，上のように立体構造式が与えられていると，手前の炭素原子を目に近く置くのが考えやすいので，そのように選択することが多い．そして，手前の炭素を点で表し，遠い方の炭素を，それより大きい円で表す．上記のエタンの立体構造式からは，次のニューマン投影が得られる．

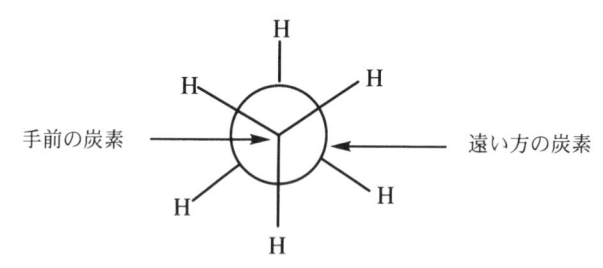

問題9.9 上に図示したプロパンのニューマン投影式を書いてみよ．

ところで，エタンは2つのメチル基がついたものと考えることもできるが，このメチル基をつなぐ結合軸のまわりに，メチル基は非常に速く回転していることが知られている．分子の中で回転が起こると，原子の空間配置は変わる．このような空間配置のことを**立体配座**または単に**配座**という．そうすると，エタンには無数の配座があり，ニューマン投影式は無数に書けることになってし

まう．どのような投影式を書くのがよいのだろう．

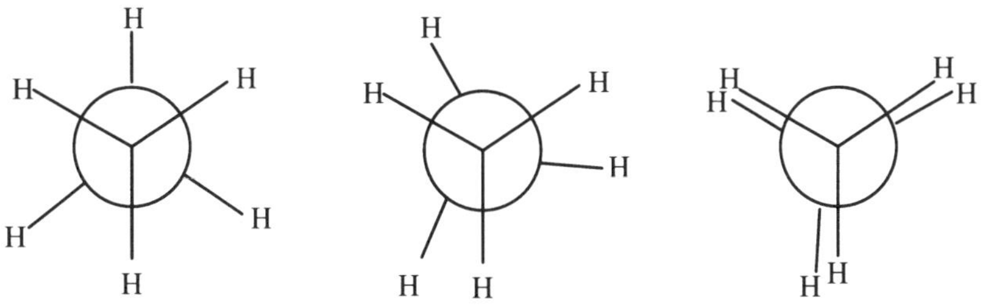

立体配座は無数にあるけれども，興味があるのは，最も安定な形と最も不安定な形である．炭素・水素の結合が互い違いに出てそれらのなす角度が60°のものが，水素と水素（または結合に参加している電子対）が最も遠くなった形であるので，最も安定である．このような配座を**ねじれ形**という．これに対して，すべての炭素・水素結合が重なり合っているものは，水素と水素（または電子と電子）の距離が一番小さく，最も不安定である．このような配座を**重なり形**という．

問題9.10 クロロエタンのねじれ形と重なり形の配座を，ニューマンの投影式で書け．

ブタンになると，エタンよりは少し話が複雑になる．ブタンのC_2-C_3軸に関するニューマン投影のうち，ねじれ形になるものを次に示す．

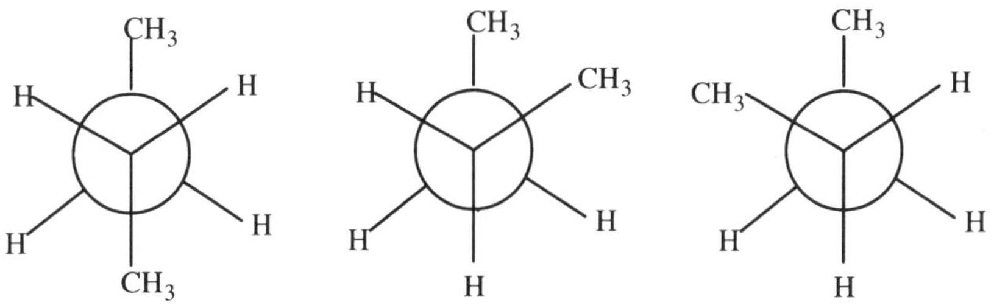

ap　　　　　　　　*−sc*　　　　　　　　*+sc*

ブタンの場合，ねじれ形にも3種類ある．メチル基が最も遠い位置にある配座を*ap*という．これに対して，炭素とメチル基とをつなぐ結合が60°になっているものを*sc*という．*sc*の前につけたプラス・マイナスの記号は，手前のメチル基を時計回りに回して遠くのメチル基に重ならせることができるものをプラス，反時計回りのものをマイナスとしている．水素よりも大きなメチル基があるので，これらが互いに近い配座は，遠い配座に比べて，不安定である．よって，*ap*の配座は*sc*の配座より安定である．+*sc*と−*sc*とはエナンチオマーであるので，安定さは同じである．したがって，ブタンは，大部分*ap*として存在しているが，少しは*sc*の配座で存在する．しかし，ブタンのC_2–C_3軸のまわりには非常に速い回転が起こっているので，これら配座が違う異性体を取り出すことはできない．

いろいろな置換基があるとき，どの置換基を基準にして立体配座の表示をすればよいのか，という疑問をもったことであろう．置換基が3つとも違うときは，C. I. P. 規則で最優先の基を基準に選ぶ．置換基が同じものがあるときは，1つだけ違うものを選ぶ．

問題 9.11 1,2-ジクロロエタンの配座を，ブタンのそれにならって，書いてみよ．

9.3.2 環状化合物の立体配座

シクロヘキサンなどの環状化合物は，エタンやブタンの配座の延長として考えることができる．ブタンにおいては，最も安定な配座は*ap*であるが，この配座はいくら続けても環になれない．環になるためには，その次に安定な*sc*配座をとらなければならない．シクロヘキサンでは，すべてのC−C軸について，ブタンの*sc*の配座をとって環を作るのがエネルギーが少なくてすむ．

CH_2が*sc*配座のみでつながっていくと，ちょうど6員環のとき，都合がよい．それで，シクロヘキサンは*sc*の配座のみでできあがった形が可能である．この形は，いすの形をしているので，シクロヘキサンの**いす形配座**という．

問題 9.12 シクロヘキサンのいす形が，すべて，*sc*の配座でできているこ

とを確かめよ．

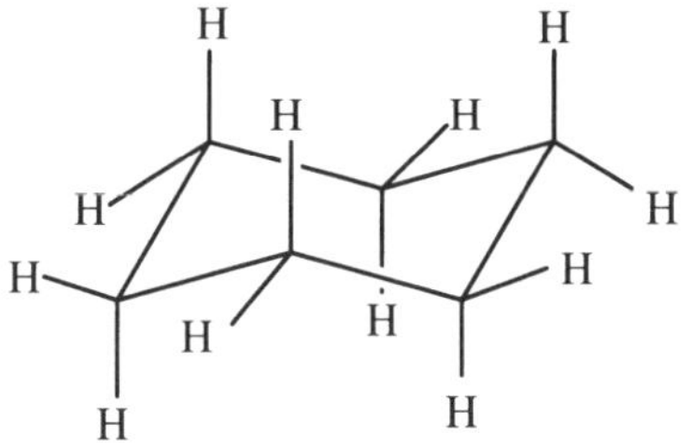

いす形 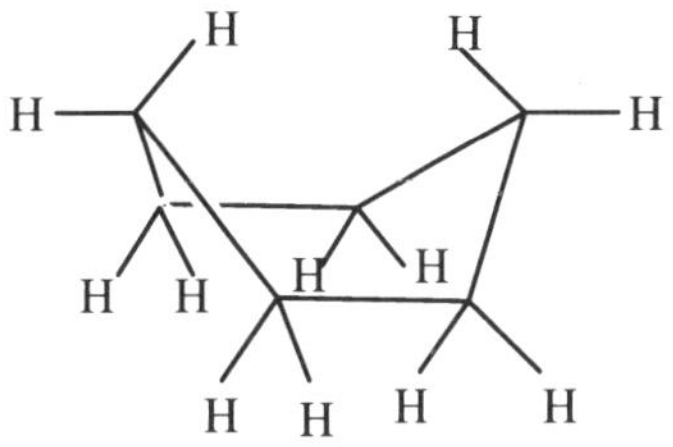　　　　　　　　　舟形

　シクロヘキサンには舟形の配座も可能という教科書もあるが，舟形には，上図に示すように，2ヵ所に重なり形が存在する．したがって，舟形はいす形に比べて不安定であり，考慮する必要はない．

問題9.13 シクロヘキサンの舟形では，どの炭素・炭素軸に関して，重なり形の配座になっているか指摘せよ．

　シクロヘキサンのいす形配座を書いてみると，水素の出る方向に2種類あることに気づくであろう．すると，ここでも新しい異性体があるかもしれない．しかし，シクロヘキサンでも，ブタンの異性体が速く交換しているように，原子の位置が動いている．これは，下図に示すように，シクロヘキサン環がひっくり返る運動に当たる（**シクロヘキサンの反転**）．この運動は室温では非常に速く起こっているので，室温で，これらを取り出すことはできない．

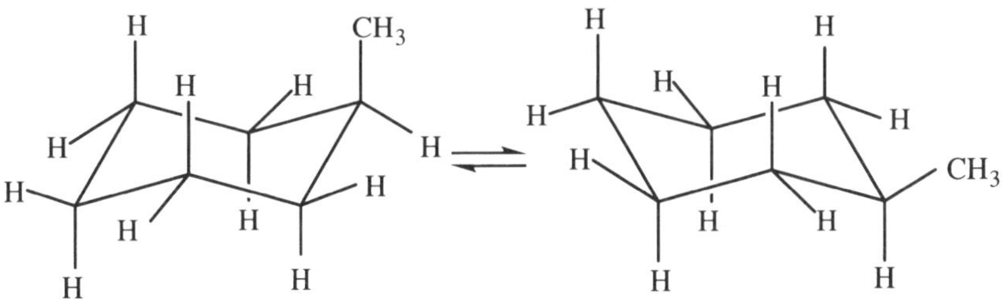

9.4 炭素・炭素二重結合と二置換環状化合物の立体異性

9.4.1 アルケンの異性体

これまで，炭素に4個の原子が結合している場合の立体構造を考えてきた．なぜ，4個の原子と結合している炭素は四面体配置をとるのだろう．現在受け入れられている説は，このようにすると，結合に参加している電子間の距離が最も遠くなって，負電荷をもった電子間に働く反発が小さくてすむというものである．

炭素・炭素二重結合を作っている分子の構造はどうなっているのだろう．ここでは，炭素原子は，4個ではなく3個の原子とつながっている．二重結合だからそれで2個の原子とつながっていると考える必要はない．すると，その炭素のまわりには3個の結合があることになるが，このとき，結合に参加している電子が最も遠く離れるのは，炭素原子が正三角形の中心にあって，三角形の頂点に向かって，3本の結合が伸びている状態である．この炭素が2原子結びつくと，その結果は右側の図に示す通りである．

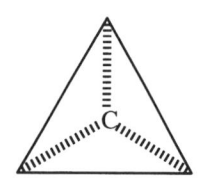

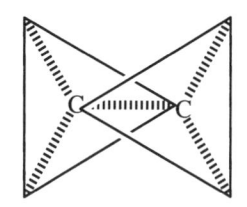

これは，この分子が，平面構造をとっていることを示している．二重結合は，炭素と炭素の間に形成される．それで，エテンの構造は，次のように書いてもよいだろう．全体の分子は，同一平面内にある．

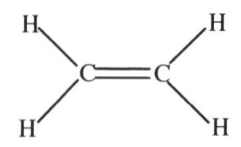

問題 9.14 エチンは直線状分子であることがわかっている．メタンが正四面体，エテンが平面分子となった理由（電子の反発）を利用して，この構造になることを説明せよ．

> **立体化学**
>
> 立体化学という用語は，2つの意味に使われることが多い．1つは，すでに説明した立体化学という学問分野である．この分野では，すでに記述した立体配置に関する研究の他，立体配座の研究なども含まれる．
>
> もう1つの意味は，問題にしている分子がどちらの空間配置であるかを述べる場合である．この時には，「その化合物の立体化学は R か」，あるいは「その化合物の立体化学はシスかトランスか」といった用い方をする．

エテンの構造が，ここに書いた通り平面であるとすると，次にもう1つのことに気づく．もし，エテンの炭素それぞれに，異なる置換基がついていたら，異性体ができるに違いない．例えば，2-ブテンでは，それぞれの炭素にメチル基と水素がついている．構造式の上では，次の2つが書ける．

$$\begin{array}{c}H\\ \diagdown\\ C=C\\ \diagup\diagdown\\ CH_3H\end{array}\begin{array}{c}CH_3CH_3\\ \diagdown\diagup\\ C=C\\ \diagup\diagdown\\ HH\end{array}$$

つまり，同一平面内で，メチル基が，炭素・炭素二重結合に関して，同じ側にある異性体と反対側にある異性体とが存在するということである．しかし，ここには仮定が必要である．炭素・炭素二重結合に関する回転は，遅くなければならない．速ければ，ブタンの異性体のように，区別がつかなくなってしまうからである．

実験事実は，2-ブテンには確かに異性体が存在する．このことは，今まで考えてきた，アルケン炭素が平面状であることを示すと同時に，炭素・炭素二重結合のまわりの回転が遅いことを示すものである．アルケンの異性体もジアステレオマーの例である．

メチル基が同じ側に出ている異性体を cis-2-ブテンまたは (Z)-2-ブテンといい，反対側に出ているものを $trans$-2-ブテンまたは (E)-2-ブテンという．

cisは同じ置換基が同じ側，transは同じ置換基が反対側を表すものであるが，ZはC. I. P. 規則で優先する基が同じ側，EはC. I. P. 規則で優先する基が反対側を意味するものである．簡単なアルケンについては，今でもcisおよびtransの命名が使われるが，一般には，ZとEの方が便利である．

例題9.4 cis-3-ヘキセンの構造を書け．

［解答］ 3-ヘキセンは$CH_3CH_2CH=CHCH_2CH_3$である．これの立体構造がcisであることを表す式は次のように書ける．

$$\underset{H}{\overset{CH_3CH_2}{>}}C=C\underset{H}{\overset{CH_2CH_3}{<}}$$

例題9.5 (Z)-1-ブロモ-2-クロロエテンの構造を書け．

［解答］ 1-ブロモ-2-クロロエテンの構造式は$ClCH=CHBr$である．C. I. P. 規則では，ブロモは水素に優先し，クロロは水素に優先するから，(Z)-1-ブロモ-2-クロロエテンの構造式は次のようになる．

$$\underset{H}{\overset{Cl}{>}}C=C\underset{H}{\overset{Br}{<}}$$

9.4.2 二置換シクロアルカンの異性体

シクロヘキサンやシクロプロパンの環状化合物では，アルケンとよく似た立体異性体が生じる．シクロプロパンから誘導される化合物には環の反転がないから，話は簡単である．1,2-ジメチルシクロプロパンでは，メチル基が環の平面に対して，2つとも上（あるいは下）にあるか，一方は上，一方は下にあるかで異性体ができる．これらはシスおよびトランス異性体と呼ばれることが多い．これらの化合物で，メチル基がついている炭素原子はキラル中心である．したがって，トランス異性体には光学異性体が存在する．しかし，シス異性体では，分子の中に対称面があるので，光学異性体はなく，メソ形である．

9.4 炭素・炭素二重結合と二置換環状化合物の立体異性

シス形　　　　　　　　　トランス形

問題9.15 *cis*-1,2-ジメチルシクロプロパンには，どのような対称面があるか考えてみよ．

メチル基が2個置換したシクロヘキサンでは，事情はかなり複雑である．まず，環の反転がどのような意味をもつかから説明しよう．例を1,2-ジメチルシクロヘキサンにとる．

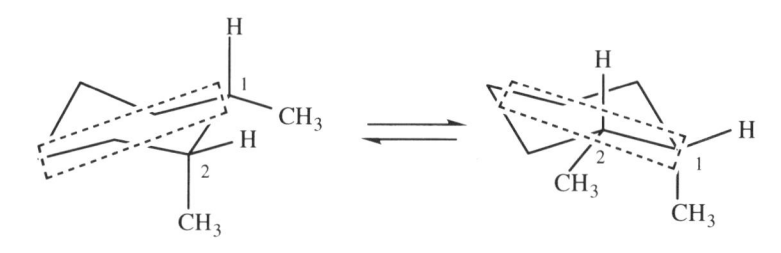

シクロヘキサン環を，図に点線で示した板のようなものであると考える．すると，左の構造式では，1の炭素では，水素が板の上にあり（メチルは下）2の炭素では，メチルは下（したがって水素は上）に出ていることになる．すなわち，2つのメチル基は，シクロヘキサン環に対して同じ側に出ている．次に反転した形で考えると，炭素1についたメチル基は環の下側にあり，炭素2についたメチルも環の下側にある．つまり，シクロヘキサンの環は反転しているけれども，それによって，メチル基の相対的な位置が変わることはない．よって，ここに示した化合物が*cis*-1,2-ジメチルシクロヘキサンであることには変わりがない．

問題9.16 同じようにして，*trans*-1,2-ジメチルシクロヘキサンの立体構造式を書き，環が反転しても，トランスには変わりがないことを確かめよ．

このことを一般化するために，昔の化学者は，環状化合物を平面状の環で示すことにした．1,2-ジメチルシクロアルカンの一般式を次に示す．

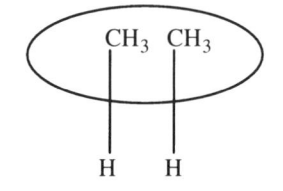

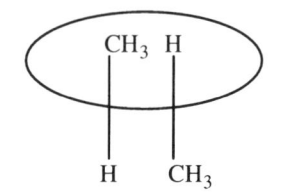

すると，環に対して，メチル基が同じ側に出ているか，反対側に出ているかで，シスおよびトランスの異性体という風に指定することができる．一般には，ジメチルシクロプロパンで指摘したように，トランス形では光学異性体が可能であるが，シス形はメソ形である．しかし，この一般化には注意しなければならない点がある．それは，偶数員環で，それに外接する円の直径の位置に当たる炭素が置換されていると，分子に対称面ができるので，その分子には，トランス形でも，光学異性体はなくなる点である．この場合は，異性体はシスとトランスのみとなる．次に，そのような例の4員環と6員環を示す．

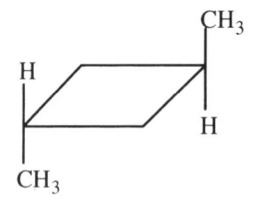

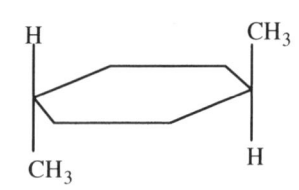

トランス体でも光学異性体がない例

問題9.17 上記シクロブタンとシクロヘキサンの誘導体で，分子内の対称面はどこにあるか探してみよ．

章 末 問 題

9.1 次の化合物の中に不斉炭素原子があれば星印で示せ．

    a) $(CH_3)_3CH$ b) $CH_3CH_2CH(CH_3)CH_2CH_3$

c) CH₃CH₂CH(CH₃)CH₂CH₂CH₃   d) CH₃CH(OH)CH₂CH₃
e) CH₃CH₂CH(Cl)COOH   f) CH₃CH₂CH(Cl)CH₂CH₃

9.2 次の化合物の絶対配置はRかSか．置換基の順序に番号をつけて示せ．

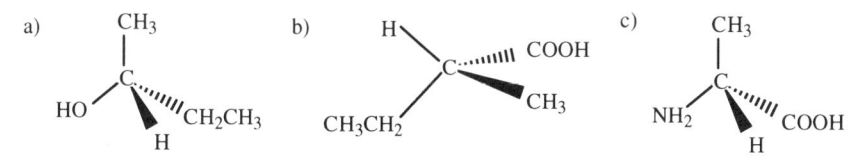

a), b), c) 構造式

9.3 次の化合物の絶対配置がわかるような構造式を書け．
a) (R)-2-アミノブタン   b) (S)-2-クロロブタン酸
c) (R)-2-メチル-1-ブタノール   d) (S)-2-クロロプロパナール

9.4 次のフィッシャー投影式の不斉炭素原子の絶対配置はRかSか．ただし，C=Oは，炭素原子に2個の酸素原子がついたものと考える．

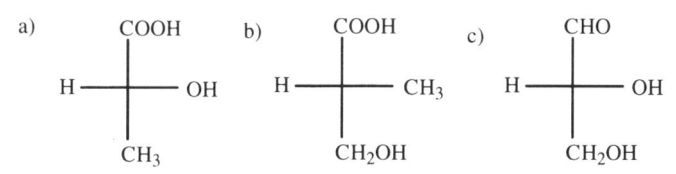

a), b), c) フィッシャー投影式

9.5 次のフィッシャー投影式に含まれている不斉炭素原子の配置はRかSか．

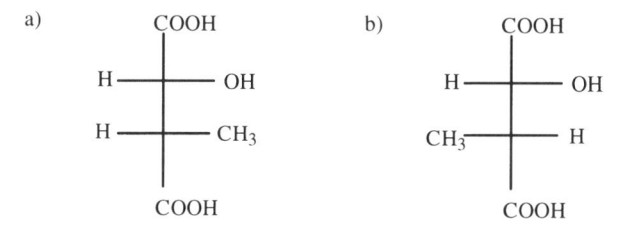

a), b) フィッシャー投影式

9.6 ペンタンのC_2-C_3軸に関するニューマン投影式を書いて，ap, $-sc$および$+sc$の配座に名前をつけよ．

9.7 次の立体配座が，ap, $-sc$および$+sc$のどれに当たるか述べよ．

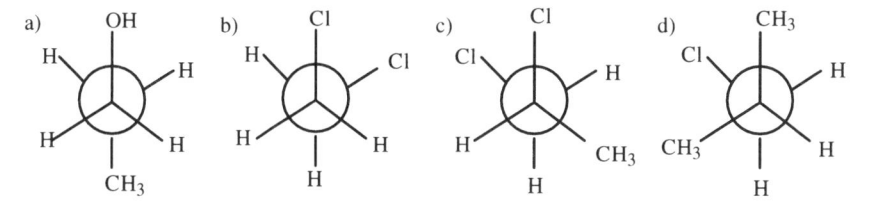

a), b), c), d) ニューマン投影式

9.8　次の化合物の立体構造がわかるように構造式を書け．

a）　*cis*–2–ヘキセン　　b）　(*E*)–2–ブロモ–1–クロロプロペン

9.9　次の化合物の立体化学は，*E* か *Z* か．

a) 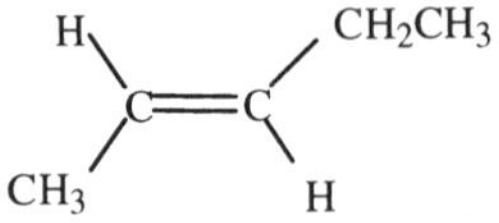
H
CH2CH3
C=C
CH3
H

b) 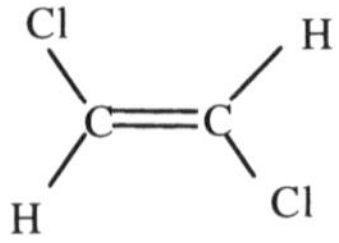
Cl
H
C=C
H
Cl

c) 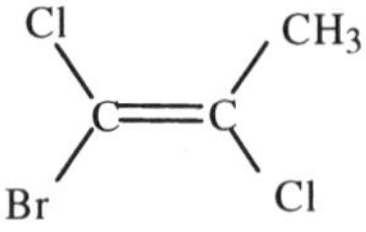
Cl
CH3
C=C
Br
Cl

d) 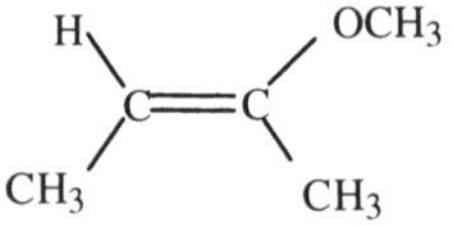
H
OCH3
C=C
CH3
CH3

e) 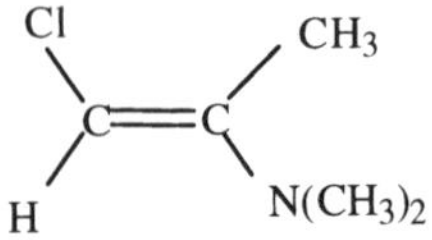
Cl
CH3
C=C
H
N(CH3)2

f) 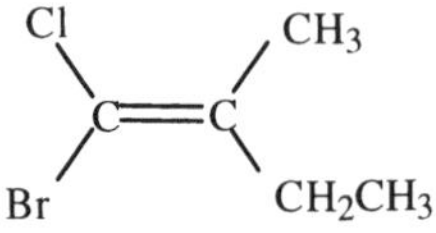
Cl
CH3
C=C
Br
CH2CH3

9.10　次の化合物にどのような立体異性体が可能か指摘せよ．

a) 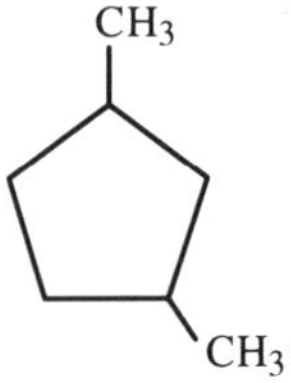
CH3
CH3

b) 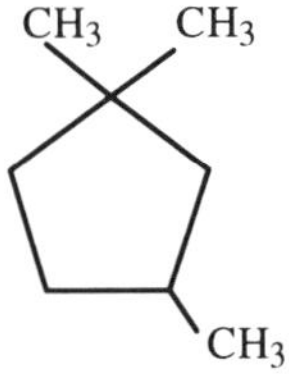
CH3
CH3
CH3

# 10. ベンゼンの構造と反応

　ベンゼンという化合物は，石炭タールから発見された炭化水素である．その分子式はC_6H_6で，不飽和度は大変高い．もし環を作っていないとすると，この化合物は，炭素・炭素三重結合を2個か，三重結合が1個なら二重結合が2個，三重結合がなければ，二重結合が4個存在しなければならない．そのうち，いくつかの化合物の構造を下に示す．

$$HC\equiv CCH_2CH_2C\equiv CH \qquad HC\equiv CCH=CHCH=CH_2$$

$$H_2C=CHC\equiv CCH=CH_2 \qquad H_2C=CHCH=C=C=CH_2$$

問題10.1 これらのほかに，どのような構造が書けるか自分で試してみよ．

　このように不飽和結合が多数あることが予想されるけれども，実際には，ベンゼンは不飽和性を示さない．一体ベンゼンはどのような構造をしているのか，そして，その構造と反応性とはどのように関係づけられるのか，これらが，本章の課題である．

10.1　ベンゼンの分子式と環状構造

　もし，ベンゼンが環を1つもっているとすると，後は，二重結合が3つということになる．三重結合が小さな環の中に入ると，最も安定な直線状の構造が

とれなくなってしまって，不安定になると考えられるからである．環が2つ以上になるとどうだろう．そのとき予想される構造のいくつかについて，次に示す．

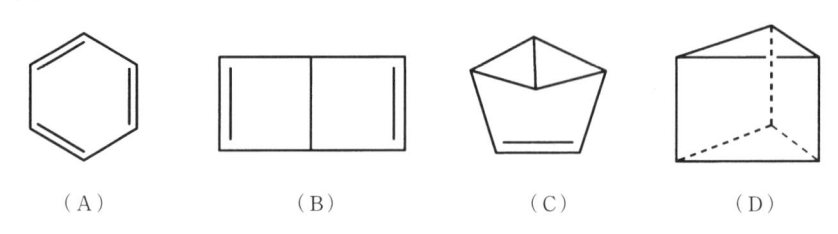

（A）　　　　　（B）　　　　　（C）　　　　　（D）

　これらの構造は，（A）は環が1つ，（B）は環が2つ，（C）は環が3つ，（D）は環が4つの化合物である．現在では，（B），（C），（D）の化合物が確かな方法で合成されている．そして，これらは，ベンゼンとはまったく違う化合物であることがわかっている．したがって，ベンゼンは（A）の構造が最ももっともらしいのだが，反応を調べてみると，この構造にふさわしくないものが数多く発見される．まず，ベンゼンに臭素を加えても臭素の色を脱色しない．したがって，ベンゼンには，不飽和性がない．それにもかかわらず，ベンゼンの構造は（A）で表されることが多い．この構造を，最初に提案した研究者に因んで**ケクレ（Kekulé）構造**という．なぜケクレ構造が多く使われるのだろう．
　この答を述べる前に，ベンゼンにはどのような反応があるのか調べてみよう．

10.2　ベンゼン誘導体の命名

　これから学習するように，ベンゼンは多彩な反応を行い，種々の置換ベンゼンを生成する．これらの中には，特別の慣用名をもっているものもあるが，ベンゼン置換体として命名されるものも多い．置換体として命名するときには，これまで学習してきた置換基の命名がそのまま役に立つ．例をいくつかあげておこう．

10.3 ベンゼンの反応

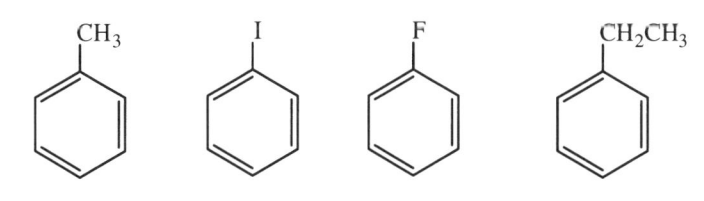

メチルベンゼン　ヨードベンゼン　フルオロベンゼン　エチルベンゼン

メチルベンゼンは，トルエンと呼ばれることが多い．

　ベンゼンには2つ以上の置換基を導入することも可能である．このようなとき，置換基の位置によって，異性体ができる．このときは，置換基の位置番号をつけて示すことにする．

　置換基は，英語のアルファベット順に並べる．そして，番号はなるべく小さくなるようにする．下に示すのは，置換基が2つまでの例であるが，置換基が3つ以上の場合にも同様にして命名することができる．

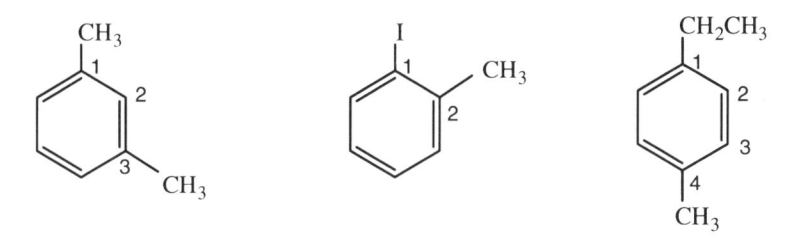

1,3-ジメチルベンゼン　　1-ヨード-2-メチルベンゼン　　1-エチル-4-メチルベンゼン

問題10.2　1,4-ジメチルベンゼンの構造式を書け．

ベンゼンから水素を1つとって基とするときはフェニル基という。

10.3　ベンゼンの反応

　ベンゼンに臭素を加えても，反応はなかなか進行しないが，これに触媒として鉄を加えると，反応が進むようになる．それで，臭素の色は消えるが，それと同時に臭化水素HBrが発生する．そして生成する有機化合物はブロモベンゼ

ンと呼ばれる，ベンゼンの水素1個を臭素に置換した化合物である．

$$\text{C}_6\text{H}_6 + \text{Br}_2 \xrightarrow{\text{Fe}} \text{C}_6\text{H}_5-\text{Br}$$

つまり，ベンゼンでは臭素との反応は付加反応ではなく，置換反応である．

問題10.3 塩素も，鉄を触媒に用いるとベンゼンと反応して，クロロベンゼンと呼ばれる化合物が生成することが知られている．そのときの反応式を，臭素の場合をみならって書け．

ベンゼンの水素原子をハロゲンに変える反応はハロゲン化と呼ばれる．ベンゼンの行う反応はハロゲン化のみでなく，種々の置換反応が知られている．これらの代表的なものをまとめると，次のようになる．これらを利用すると，多種・多様なベンゼン誘導体を作ることができる．これが，19世紀後半に，この分野の化学が大きく発展した理由である．

ベンゼンに，硝酸と硫酸の混合物を作用させると，ニトロベンゼンと呼ばれる化合物が生成する．

$$\text{C}_6\text{H}_6 + \text{HNO}_3 \xrightarrow{\text{H}_2\text{SO}_4} \text{C}_6\text{H}_5-\text{NO}_2$$

このとき，硫酸は，触媒として働くことが知られている．また，ニトロベンゼンは，テトラフルオロホウ酸ニトロニウム $[\text{NO}_2]^+[\text{BF}_4]^-$ という塩を作用させても生成することが知られている．この反応を**ニトロ化**という．

ベンゼンに，塩化アルミニウム触媒の存在下，塩化アセチルを作用させると，アセトフェノンと呼ばれる，メチルフェニルケトンが生成する．この反応は，他の酸塩化物にも適用できる．**フリーデル–クラフツ（Friedel–Crafts）の反応**と呼ばれる．

$$\text{C}_6\text{H}_6 + \text{CH}_3\text{COCl} \xrightarrow{\text{AlCl}_3} \text{C}_6\text{H}_5-\text{COCH}_3$$

問題10.4 塩化アルミニウムを触媒として，塩化プロパノイル CH_3CH_2COCl をベンゼンに反応させたときの反応式を書け．

重水（水素の同位体を含む水で D_2O で表す）中で，ベンゼンに重硫酸（D_2SO_4）を働かせると，ベンゼンの水素がだんだん重水素に置換され，最終的には，重水素原子を6個もったベンゼンとなる．

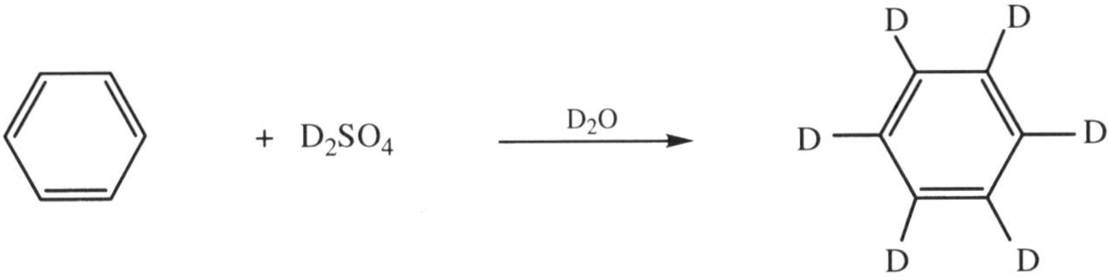

$$\text{C}_6\text{H}_6 + D_2SO_4 \xrightarrow{D_2O} \text{C}_6\text{D}_6$$

ベンゼンに発煙硫酸（三酸化硫黄を含む硫酸）を作用させると，$-SO_3H$ の基が導入される．この基をスルホ基といい，生成した化合物をベンゼンスルホン酸という．また，この反応を**スルホン化**という．スルホン酸は強い酸である．

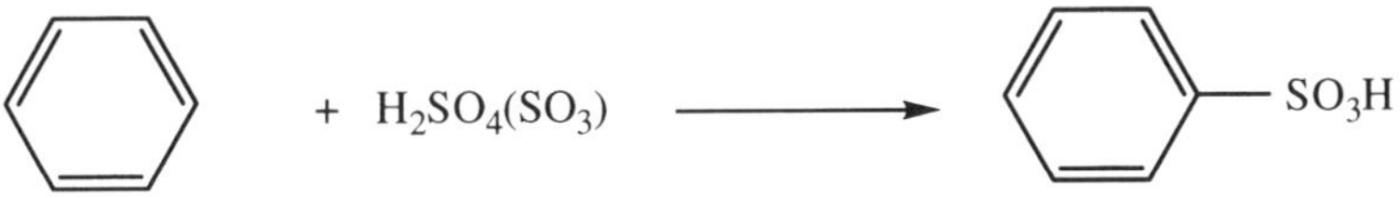

$$\text{C}_6\text{H}_6 + H_2SO_4(SO_3) \longrightarrow \text{C}_6\text{H}_5-SO_3H$$

10.4 ベンゼンから生成する反応中間体

ベンゼンは，どのようにして反応を起こすのだろう．このことを考える鍵は，ベンゼンがテトラフルオロホウ酸ニトロニウムや，重硫酸と反応することである．重硫酸は，次のように水中でイオンを作っている．つまり，イオン解離をしている．

$$D_2SO_4 \rightleftharpoons D^+ + DSO_4^-$$

それで，これらのイオンと生成物を比べてみると，いずれも，ベンゼン環に導入された基は，陽イオンからきていることがわかる．ベンゼンと陽イオンとの反応が起こっているに違いない．

これまでの学習には出てこなかったことであるが，有機化合物も，いろいろな陽イオンや陰イオンと反応するのである．それで，陽イオンだけがベンゼンに付加した構造を書いてみよう．

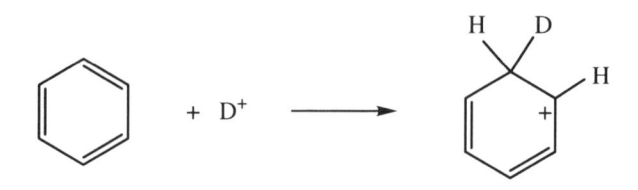

これに書いた構造は，実際に，ベンゼンが重硫酸と反応して，デューテロベンゼン C_6H_5D が生成するに際して，途中に短時間生成することが知られている．このように，反応の途中に生成して，それから生成物に変わっていくものを，**反応中間体**と呼ぶ．ここに生成した中間体は，ベンゼンから生成したものであるので，特にベンゼノニウムイオンという．中間体が生成する反応式を書くときには，原子ばかりでなく，電荷も保存することに注意しなければならない．

例題10.1 ベンゼンにテトラフルオロホウ酸ニトロニウムが反応するときの中間体の構造を書け．

[解答] テトラフルオロホウ酸ニトロニウムがベンゼンと反応するときに，実際反応に関与しているものは，ニトロニウムイオン NO_2^+ である．これが，ベンゼンの二重結合に付加したと考えるのであるから，その式は次のように書ける．この際，電荷が保存していることに注意しよう．

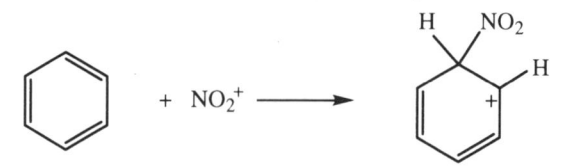

問題10.5 ベンゼンに臭素を働かせてブロモベンゼンを合成する際に，途中に生成するベンゼノニウムイオンの構造を書け．ただし，臭素と触媒（鉄）との反応によって，臭素陽イオン Br^+ ができるものとする．

10.4 ベンゼンから生成する反応中間体

このような有機化合物が電荷をもった形は，もちろん不安定であるから，これらのベンゼノニウムイオンは，その次に陰イオンと反応して，電荷を失う．上に書いた構造式で，陽電荷のある炭素が，陰イオンと結合して，電荷が中和されると，それは，付加物を作ったことになる．しかし，ベンゼノニウムイオンからは，この付加物は生成しない．

問題10.6 ベンゼンに重硫酸が付加した生成物の構造を書いてみよ．

生成するのは，実際にはベンゼン置換体であるから，ベンゼノニウムイオンは，四面体状になっている炭素原子についた水素を水素陽イオンとして失うことになる．なぜ水素陽イオンだけが失われ，最初に付加した陽イオンが失われないのか，疑問に思うかもしれない．実際には，最初に付加した陽イオンが失われているのかもしれない．そうすれば，生成するものはベンゼンである．したがって，たとえそのような反応が起こったとしても，それは確認できないことなのである．ここで起こりうる2種類の反応を次に一般式で示す．ここでは，最初に入る陽イオンをX^+で表している．

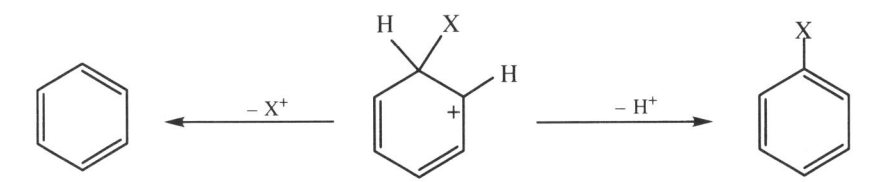

このような陽イオンを受けとる陰イオンはどこからくるのだろう．それは，陽イオンが生成すると，必然的に陰イオンも生成する（電荷の保存）からである．だからこそ，臭素とベンゼンとの反応では，臭化水素が発生するのである．

例題10.2 ベンゼンと重硫酸との反応の機構を書いてみよ．
［解答］ベンゼンにまず重水素陽イオンが付加し，ついで生成したベンゼノニウムイオンから，水素陽イオンが硫酸重水素イオンによって引き抜かれる．

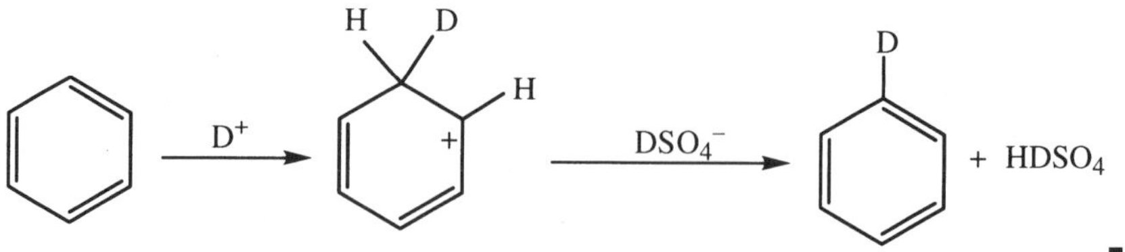

$$\text{C}_6\text{H}_6 \xrightarrow{\text{D}^+} \text{[benzenonium ion with H, D]}^+ \xrightarrow{\text{DSO}_4^-} \text{C}_6\text{H}_5\text{D} + \text{HDSO}_4$$

　それでは，ベンゼノニウムイオンは，なぜ付加物にならずに，ベンゼン誘導体になるのだろう．その理由は，付加物を作るより，ベンゼンの誘導体の方が，エネルギーを得するからだと考えられている．ベンゼンは，どれほどエネルギーの得をしているのだろう．

10.5　ベンゼン環の安定性

　ベンゼン環が安定であることは，トルエン（メチルベンゼン）に過マンガン酸カリウムを作用させてもわかる．これまで学習したアルケンならば，過マンガン酸カリウムと反応して，二重結合部分が切れてしまうのであるが，ベンゼン環は，この反応条件下で，まったく変化がない．そして酸化されるのはむしろアルカンの部分，すなわちメチル基で，メチルがカルボキシル基に変わる．ここで生成する化合物を安息香酸（ベンゼンカルボン酸）という．

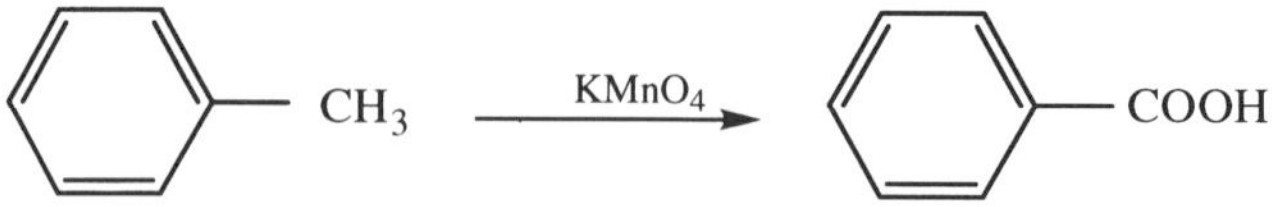

$$\text{C}_6\text{H}_5\text{-CH}_3 \xrightarrow{\text{KMnO}_4} \text{C}_6\text{H}_5\text{-COOH}$$

問題10.7　1,4-ジメチルベンゼンを過マンガン酸カリウムで酸化したときの生成物を予想せよ．また，4-クロロメチルベンゼンを同様に酸化したときはどうか．

　それでは，ベンゼンは，アルケンに比べて，どれくらい安定なのだろうか．このような問題に対する解答は，それらの化合物が，同じ反応をするときに発生する熱量を比べて行うことが多い．図10.1は，同じ反応が起こったときに，

10.5 ベンゼン環の安定性

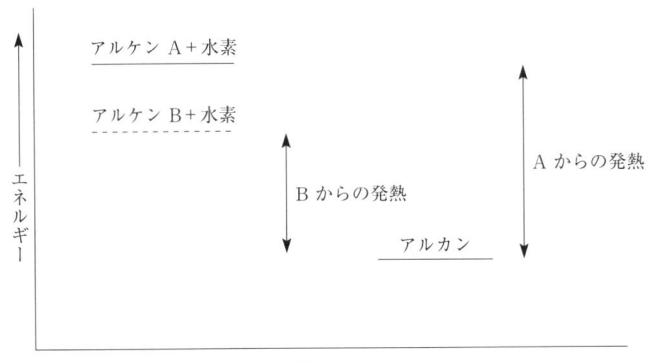

```
エネルギー ↑
       アルケン A + 水素  ─────
       アルケン B + 水素  ─ ─ ─ ─
                                    ↕ Aからの発熱
                    ↕ Bからの発熱
                        アルカン  ─────
```

図 10.1

考えられるエネルギーの関係図である．

今，AとBという2つのアルケン異性体があるとする．これらは異性体であるから，もちろん，その分子を作る元素の種類と数は等しい．これらの化合物を，それぞれ水素化すると，そのとき生成するアルカンは，同一物質である．

1モルずつ水素化するときの反応では，それに参加するアルケンも水素もその分子数は等しい．しかし，AとBには安定性に差がある，すなわち，エネルギー状態が違う．これを，上の図では，AとBの高さが違うことで表している．つまりAの方がエネルギーが高い状態にある．同じ飽和炭化水素が生成するのであるから，もちろん，1モル当たりの生成物がもつ熱量は，同じはずである．上の図ではこれを，アルカンを1つだけ書くことによって示している．それで，これらのアルケンを水素化したときの発熱量を比べれば，どちらのアルケンが安定であったかを知ることができる．このとき，1モル当たり発生する熱量を水素化熱という．水素化する時の発熱量は，測定することが可能である．そして，水素化熱が大きい方が不安定な，水素化熱が小さい方が安定な異性体であると結論することができる．

ベンゼンの場合に考えられる異性体は，1,3,5-シクロヘキサトリエン（ベンゼンのケクレ構造）であるが，残念ながら，この化合物は実在しない．この化合物を作ろうとすると，ベンゼンになってしまうからである．しかし，次の手続きに従って，1,3,5-シクロヘキサトリエンの大体の水素化熱を見積もることができる．これをベンゼンの実際の水素化熱と比べてみよう．

シクロヘキセンを水素化してシクロヘキサンにすると，1モル当たり120 kJの発熱がある．シクロヘキセンばかりでなく，多くのアルケンも水素化すると，これに近い発熱をみせる．例えば，*cis*-2-ブテンとシクロペンテンの水素化熱は，それぞれ，119および112 kJ/molである．

$$\text{シクロヘキセン} + H_2 \longrightarrow \text{シクロヘキサン} + 119.6 \text{ kJ/mol}$$

脂肪族と芳香族

ベンゼン環をもった化合物を総称して，**芳香族化合物**ということが多い．これに対して，ベンゼン環をもたない化合物を**脂肪族化合物**という．

芳香族化合物とは，もともとバニラとかバラ油などのように芳香をもつ化合物がベンゼン環をもっていることが多かったという事実に基づいているが，ベンゼン環をもつすべての化合物が芳香を有するわけではない．中には，不快なにおいをもつものさえある．

一方，脂肪族という名前は，脂肪の成分は，ベンゼン環をもたない化合物であったところからきている．脂肪は，グリセロールという，分子内に3個のヒドロキシル基をもつ化合物のカルボン酸エステルである．下に，代表的な脂肪の成分であるステアリン酸のエステルを示すが，実際には，脂肪は，いろいろなカルボン酸エステルの混合物である．

$$3\ CH_3(CH_2)_{16}COOH + \begin{matrix} HOCH_2 \\ HOCH \\ HOCH_2 \end{matrix} \longrightarrow \begin{matrix} CH_3(CH_2)_{16}COOCH_2 \\ CH_3(CH_2)_{16}COOCH \\ CH_3(CH_2)_{16}COOCH_2 \end{matrix}$$

ステアリン酸　　　　　グリセロール　　　　　　　　　　脂肪の1種

バニラ（2-メトキシ-4-ホルミルフェノール）　　　　バラ油（2-フェニルエタノール）

1分子内に二重結合が2個あると，その水素化における発熱は，二重結合が1個あるものの2倍になると予想するのは当然であろう．そして，1, 3-シクロヘキサジエンは，その予想に近い発熱を行う．

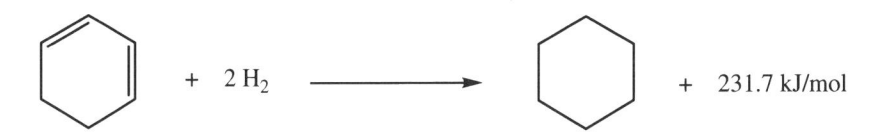

[シクロヘキサジエン] + 2 H₂ ⟶ [シクロヘキサン] + 231.7 kJ/mol

すると，これまで書いてきたように，ベンゼンが1, 3, 5-シクロヘキサトリエンの構造をもっているなら，その水素化熱は，二重結合が1個あるシクロヘキセンの3倍，つまり，1モル当たり360 kJ近くの発熱になることが予想される．ところが，実際にベンゼンの水素化を行うと，その水素化熱は208.4 kJにしかならない．

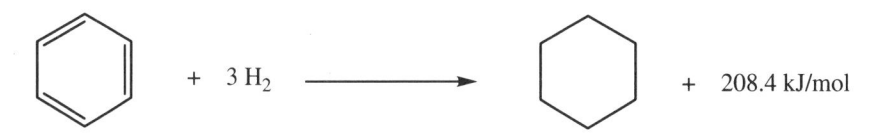

[ベンゼン] + 3 H₂ ⟶ [シクロヘキサン] + 208.4 kJ/mol

この実験事実は，ベンゼンは，1モル当たりこれまで書いてきた1, 3, 5-シクロヘキサトリエンよりも約150 kJ安定であることを示している．ベンゼンにはこの安定性があるから，ベンゼン環に付加反応が起こることは，エネルギー的に損で，ベンゼン環を回復する方向に反応が進む．つまり，付加反応でなく，置換反応が起こるのである．このような性質は，ベンゼンのみでなく，ベンゼン環を含むすべての化合物に起こる．このような性質のことを，**芳香族性**という．

問題10.8 *trans*-2-ブテンの水素化熱は115 kJ/molである．前ページの*cis*-2-ブテンの水素化熱と比較して，どちらの異性体が安定か考察せよ．

10.6 ベンゼンの構造と芳香族性の説明

炭素・炭素単結合は，炭素・炭素二重結合より長いことがわかっている．し

たがって，ベンゼンの構造がシクロヘキサトリエンであるとすると，ベンゼン環は，長い結合と短い結合とが交互に現れるような構造をしていなければならない．また，その延長として，1,2-二置換ベンゼンには，次のような異性体が存在することが予想される．

実際には，1,2-ジメチルベンゼンには異性体はなく，ベンゼンのすべての炭素・炭素結合の長さは等しいこともわかった．また，同様に，すべての炭素・水素結合も等価である．つまり，ベンゼンの炭素6個には区別がなく，それに結合している水素にも区別はない．

このようなベンゼンの構造は，どのようにして理解すればよいのだろう．このような場合の1つの考え方として，共鳴理論と呼ばれるものがある．この共鳴理論で，ベンゼンの構造をどのように理解するかを以下に説明してみよう．

共鳴理論では，シクロヘキサトリエンのような構造は，実際にはないのだと考える．そして，実際の分子は，そのような実際にはない構造の重ね合わせだと考える．ベンゼンには

の2つの式が書ける．左の式で二重結合であったところが，右の式では単結合となり，左の式で単結合であったところが，右の式では二重結合になっていることがわかるであろう．このような，実際には存在しないが，仮想として考える分子の構造式を，**共鳴限界構造式**または単に**限界構造式**という．そして，共鳴限界構造式を重ね合わせたものを**共鳴混成体**という．

実際の分子は，これら限界構造式を重ね合わせた共鳴混成体であるから，その中では，すべての炭素・炭素結合が，いわば1.5重結合で，その長さが等し

いことも理解できるであろう．そして，共鳴理論では，このような共鳴限界構造式の重ね合わせが可能なとき，共鳴安定化を受けると考える．つまり，ベンゼンの2つの限界構造式の間で共鳴が起こって，その分，安定化すると考えるのである．化学平衡と区別するため，両矢印を使って共鳴していることを表すことにする．

この共鳴によって得られるエネルギーが，ベンゼンの安定化エネルギーなのである．ケクレの式は，ベンゼンの共鳴限界構造式の1つであるが，その限界を知った上で，ベンゼンのモデルとして使っているのである．

共役と共鳴

本書では取り上げていないが，炭素・炭素二重結合が，単結合1個をおいて二重結合を作っている炭素につながっている場合がある．このような二重結合を共役二重結合という．例えば，次のような例が知られている．

$CH_2=CH-CH=CH_2$ $CH_2=CH-CH=O$

1,3-ブタジエン   2-プロペナール

これらの化合物でも，いくらか安定化を受けており，二重結合と二重結合の間にある単結合は普通の単結合よりも短くなっていることがわかっている．このことを，共鳴理論では，次に示すような共鳴があるからだとして説明する．

$^-CH_2-CH=CH-CH_2^+$ ⟷ $CH_2=CH-CH=CH_2$ ⟷ $^+CH_2-CH=CH-CH_2^-$

$CH_2=CH-CH=O$ ⟷ $^+CH_2-CH=CH-O^-$

実際には，電荷が分離した限界構造式は，電荷がないものより不安定なので，電荷が分離したものの共鳴混成体への寄与は小さいものとされる．145ページの1,3-シクロヘキサジエンの水素化熱がシクロヘキセンのそれの2倍より小さいのは，共役二重結合の安定化が原因であると考えられる．共役は，有機化学でしばしば用いられる重要な概念である．

例題10.3 ベンゼンに重水素陽イオンが付加したベンゼノニウムイオンの共鳴限界構造式を書け.

［解答］ 最初に書いた式で，正電荷をもった炭素原子を1とする．2と3の炭素原子間に二重結合を作っている電子を1の炭素原子の方向に移動させると，炭素原子1と2の間が二重結合が生成し，その隣の炭素3に正電荷が移る．さらにもう一度同じように電子を動かすと，正電荷がさらに2つ目の炭素原子5上にある構造が書ける．

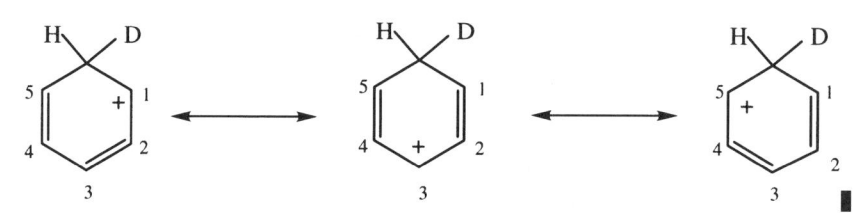

問題10.9 ベンゼンに，臭素陽イオンが付加してできるベンゼノニウムイオンの共鳴限界構造式を書け.

章末問題

10.1 次の化合物に命名せよ．

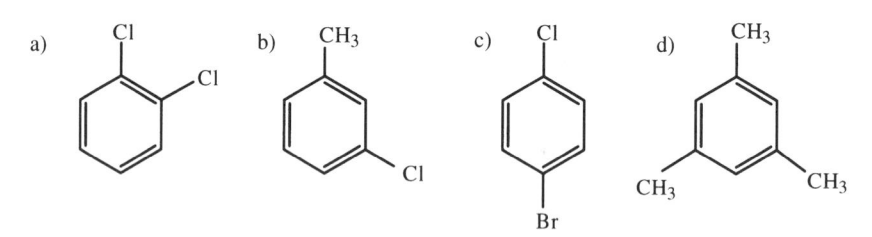

10.2 塩化エタノイルが触媒の存在下でベンゼンと反応するとき，その中間に生成するベンゼノニウム中間体の構造を書け．

10.3 次の反応から，途中にどのような陽イオンが関与しているか，予想せよ．また，その陽イオンが付加したベンゼノニウム中間体の構造を書け．

10.4 次の式では，4,4-ジメチル-2-ペンテン異性体の水素化熱が与えられている．この式から，どちらの異性体が安定か判定せよ．また，その理由も考察せよ．

cis-(CH₃)₃CCH=CHCH₃ + H₂ ⟶ (CH₃)₃CCH₂CH₂CH₃ + 129 kJ/mol

trans-(CH₃)₃CCH=CHCH₃ + H₂ ⟶ (CH₃)₃CCH₂CH₂CH₃ + 111 kJ/mol

10.5 次の化合物の水素化熱はいかほどになるか，予想せよ．

C₆H₅−CH=CH₂

10.6 ベンゼン環が2個で，六角形の1辺を共有した形のナフタレンという化合物がある．この構造式の二重結合を適当に動かして，ここに示した以外の，ナフタレンの共鳴限界構造式を書いてみよ．

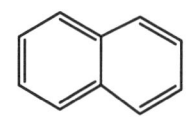

10.7 ベンゼンにニトロニウムイオンが付加してできるベンゼノニウムイオンの共鳴限界構造式を書け．

11. 置換ベンゼン

　ベンゼンには，いろいろな置換反応が可能で，そのため，多種多様なベンゼン誘導体が知られている．本章では，これら置換ベンゼンの性質について調べてみよう．

11.1　一置換ベンゼンの命名

　一置換ベンゼンには，さまざまな慣用名が知られている．本書では，これらの名称を記憶することに，特に重要性を置いているわけではないので，全般に，基本的な名称と置換基名で，化合物名を表すことにしている．それでも，研究室などの会話では，慣用名が使われていることが多いので，以下に，よく使われる慣用名を示しておく．なお，これらの化合物にさらに置換基があるときには，置換基の置換位置と慣用名を利用して命名することができる．

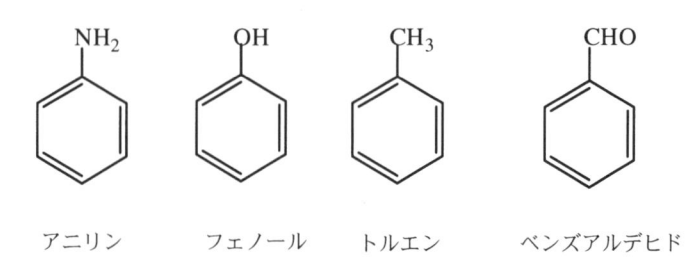

　　アニリン　　　フェノール　　　トルエン　　　ベンズアルデヒド

11.2 一置換ベンゼンの反応性

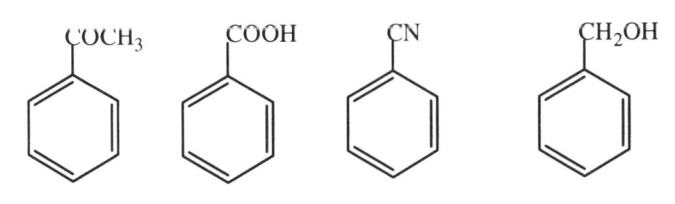

アセトフェノン　安息香酸　ベンゾニトリル　ベンジルアルコール

問題11.1 $CH_3CH(C_6H_5)CH_2CH_3$の化合物を，ベンゼン環を置換基として命名するときの名称を示せ．（ヒント：137ページ参照）

11.2 一置換ベンゼンの反応性

これら，置換基を1個だけもったベンゼン誘導体は，すべて，ベンゼンと同じように置換反応を行う．しかし，同じ反応を行うにしても，その容易さは，非常に違う．次は，置換基によって，ニトロ化の反応の速さが，どの程度違うかを数字で示したものである．

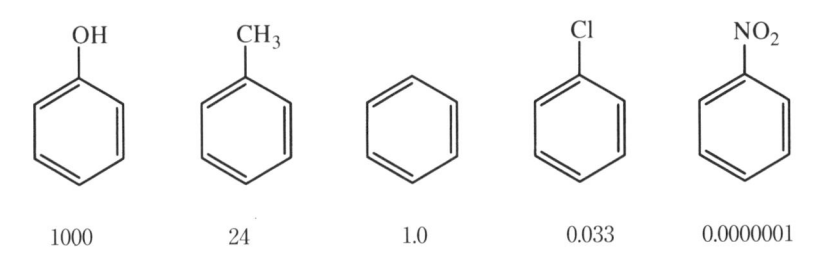

OH	CH_3		Cl	NO_2
1000	24	1.0	0.033	0.0000001

この数値は，重要な意味をもっている．反応性の大きな化合物は，より穏やかな条件で反応が進む．しかし，反応性の小さな化合物では，条件を強烈にしてやらなければならない．例えば，ベンゼンをニトロ化するには，硝酸と硫酸の混合物（混酸）を作用させる必要があった．しかし，フェノールでは，濃硝酸だけでも，ニトロ化が起こる．ニトロベンゼンをさらにニトロ化してジニトロベンゼンを作るには，ニトロベンゼンに混酸を加え，さらに加熱してやる必要がある．

上に出ていない置換基のだいたいの順序は次のようになっている．アミノ基

はフェノールのヒドロキシル基よりも反応を速くする．クロロ以外のハロゲン置換基は，ほぼクロロと同じである．ホルミル，アセチルなど，カルボニル基が直接ついている場合は，ハロゲンより反応性が落ちる．カルボン酸に由来する置換基（-COOHや-COOCH$_3$）も，カルボニル置換基に近い．

例題11.1 ベンゼンカルボン酸（安息香酸）メチルエステルをニトロ化したい．濃硝酸だけでニトロ化できるだろうか．

［解答］ メトキシカルボニル（-COOCH$_3$）基のある化合物は，ベンゼンより反応性が落ちているから，少なくとも，混酸を用いる．反応が遅ければ，温度を上げる必要がある．

11.3 置換基の配向性

ベンゼンは，どの炭素も等価であった．したがって，どの炭素に置換反応が起こっても，生成する物質は1種類である．しかし，すでに置換基が導入されていると，もう1つの置換基が入ることによって，異性体ができる．この間の事情を，次の式で表すことができる．ここでは，一般的に説明するため，もとあった置換基をX，新しく入る置換基をYで示してある．

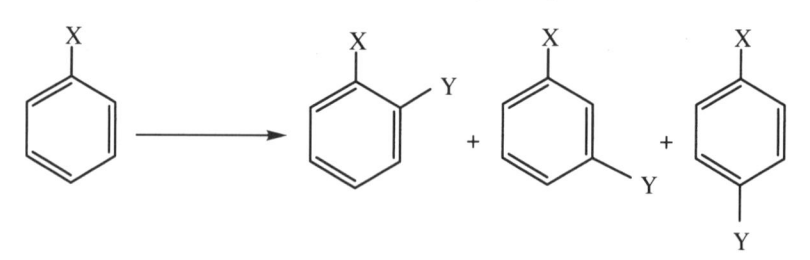

もとあった置換基の位置を1として，2および6位は，ベンゼン環の特徴として等価である．これらの位置をオルト位という．同様にして，3および5位は等価で，これらをメタ位という．4位はパラ位と呼ばれる．

第2の置換基Yを導入するとき，その置換基の入る位置は，もとあった置換基によって，オルトおよびパラに入るものと，メタに入るものとに2分される．一般には，オルトとパラを比べると，オルトの方が立体的に込み合ってい

る（これを立体障害があるという）から，パラの方が多くなることが期待されるが，オルト位は2つあるので，オルト・パラの生成割合は，1に近いことが多い．もとあった置換基のオルト・パラに第2の置換が起こりやすいとき，もとの置換基を**オルト・パラ配向性**，メタに入りやすいものを**メタ配向性**という．

　オルト・パラ配向性として代表的なものには，ヒドロキシル基，アミノ基，アルキル基およびハロゲン基などがある．これに対して，メタ配向基としては，アルデヒドやケトンあるいはカルボン酸など，カルボニル基が直接ベンゼン環についている基，シアノ基，ニトロ基などがある．この傾向をみると，ハロゲンを例外として，ベンゼン環の反応性を高くしているものは，オルト・パラ配向性，ベンゼン環の反応性を下げるものはメタ配向性であることがわかる．代表的な置換基を例にして，次に，置換ベンゼン環が反応する位置（有機化学では「攻撃が起こる位置」ということが多い）を示す．

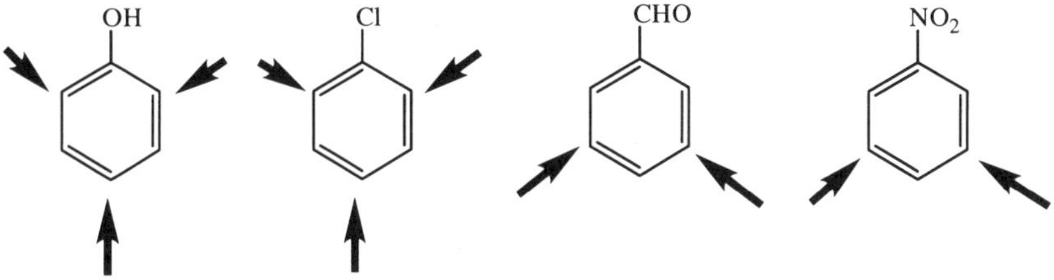

問題11.2 メチル基はオルト，パラ配向とメタ配向のどちらが予想されるか．その理由とともに示せ．

問題11.3 次の化合物を命名せよ．系統名，慣用名のどちらでもよい．

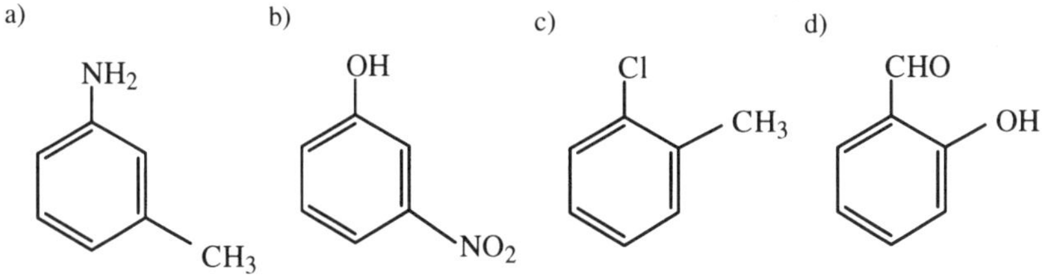

e) 構造式: パラ位に COCH₃ と Br のベンゼン環

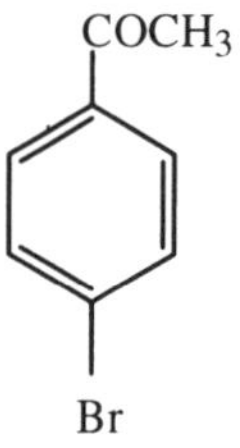

f) 構造式: メタ位に COOH と NH₂ のベンゼン環

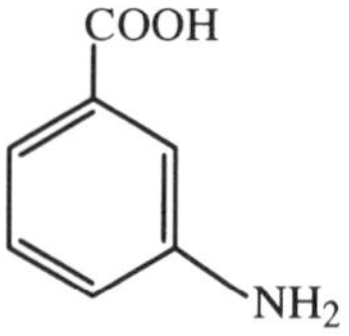

g) 構造式: パラ位に CN と NO₂ のベンゼン環

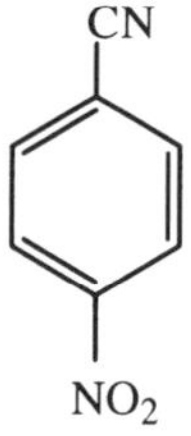

h) 構造式: メタ位に NO₂ と NO₂ のベンゼン環

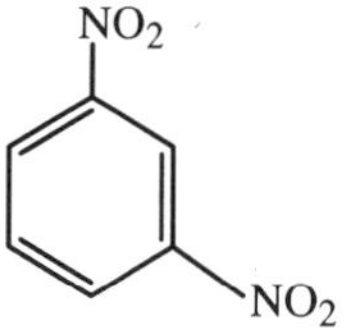

11.4 置換基の配向性を利用した合成

置換基が,固有の配向性をもっていることは,ある芳香族化合物を合成する方法を考える際に重要である.

例えば,4-ニトロトルエンを合成するという課題が与えられたとしよう.この化合物に含まれている2つの置換基をみると,片方はオルト・パラ配向性であり,他方はメタ配向性である.もともとメタ配向性の置換基があると,パラ置換の化合物はそう簡単には合成できないことがわかる.

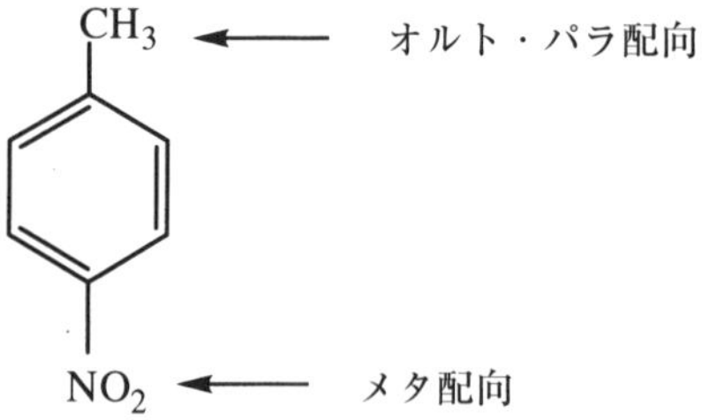

CH₃ ← オルト・パラ配向
NO₂ ← メタ配向

それで,この合成法の答は,トルエンから出発して,ニトロ化をすればよいということになる.

例題11.2 1-アセチル-3-ニトロベンゼンを合成する方法を考えよ.

［解答］ この化合物に含まれるアセチル基もニトロ基もメタ配向性であるから,ニトロベンゼンにフリーデル-クラフツの反応でアセチル化しても,アセチルベンゼン（アセトフェノンともいう）をニトロ化してもよさそうであるが,ニトロベンゼンの反応性が低いので,これをアセチル化することは実際的

でない．それで，次の方法が適当である．

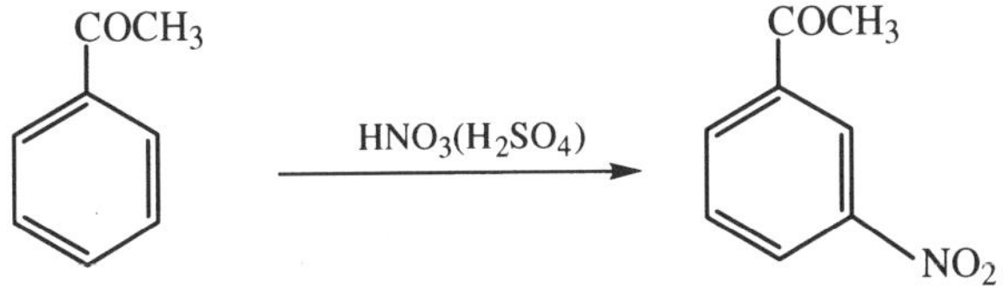

$$\text{C}_6\text{H}_5\text{COCH}_3 \xrightarrow{\text{HNO}_3(\text{H}_2\text{SO}_4)} \text{3-NO}_2\text{-C}_6\text{H}_4\text{COCH}_3$$

問題11.4 1-クロロ-4-メチルベンゼン（4-クロロトルエン）を合成する方法を考えよ．

11.5 置換基の変換

11.5.1 置換基に起こる通常の反応

ベンゼン環についた置換基は，脂肪族とよく似た反応を起こす．したがって，芳香族（ベンゼン環を含む化合物）だからといって，化合物を特別視する必要はない．ただ，ベンゼン環の影響で，ときに反応が遅くなったり，少し性質が変わったりすることがあるだけである．例えば，クロロメチルベンゼンは，加水分解により相当するアルコールを与え，そのアルコールは，酸化すると，アルデヒドを経て，カルボン酸となる．

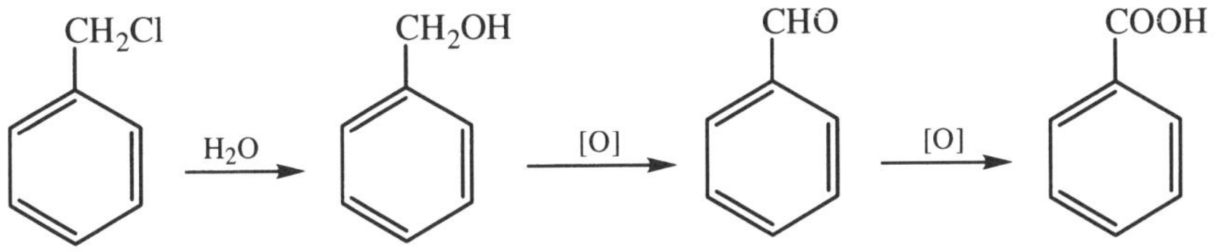

$$\text{C}_6\text{H}_5\text{CH}_2\text{Cl} \xrightarrow{\text{H}_2\text{O}} \text{C}_6\text{H}_5\text{CH}_2\text{OH} \xrightarrow{[\text{O}]} \text{C}_6\text{H}_5\text{CHO} \xrightarrow{[\text{O}]} \text{C}_6\text{H}_5\text{COOH}$$

例題11.3 アセトフェノンに水素化アルミニウムリチウムを働かせたときの反応式を書け．

［解答］アセトフェノンにはカルボニル基が含まれているから，これの還元が起こって，第2級アルコールが生成する．

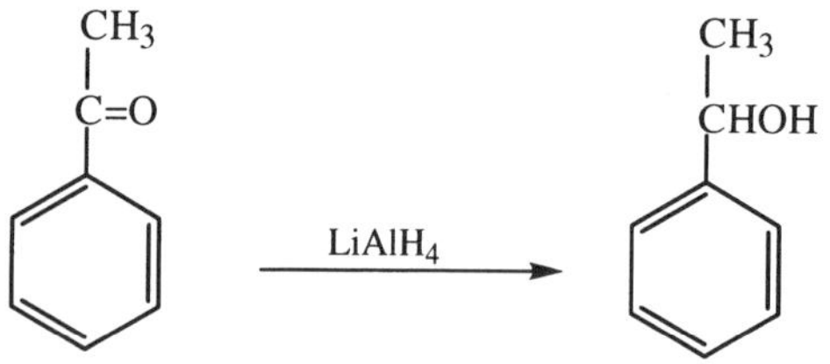

[化学反応式: アセトフェノン(C6H5-CO-CH3) → LiAlH4 → 1-フェニルエタノール(C6H5-CHOH-CH3)]

問題11.5 安息香酸をメタノールに溶かし，濃硫酸を少量加えて加熱したときに起こる反応の式を書け．

ニトロベンゼンを還元すると，ニトロ基がアミノ基に変わる．このときの還元剤としては，触媒と水素，金属と酸などいろいろなものが可能である．ここに生成する化合物はアニリンという慣用名で呼ばれることが多い．次式の[H]は還元剤を働かせていることを示している．

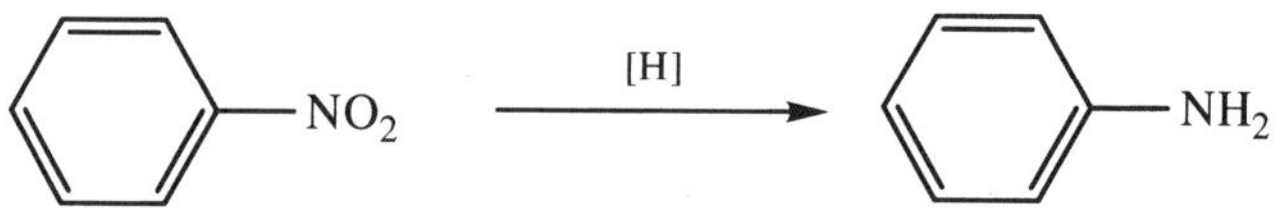

[化学反応式: C6H5-NO2 → [H] → C6H5-NH2]

11.5.2 ベンゼン環に影響される置換基の性質

ベンゼン環に影響される代表的な置換基の例として，クロロベンゼンがある．脂肪族化合物では，加水分解によって，クロロ置換基をヒドロキシル基に変えることはそれほど困難ではないが，クロロベンゼンをヒドロキシベンゼン（フェノール）に変えることは非常に難しい．

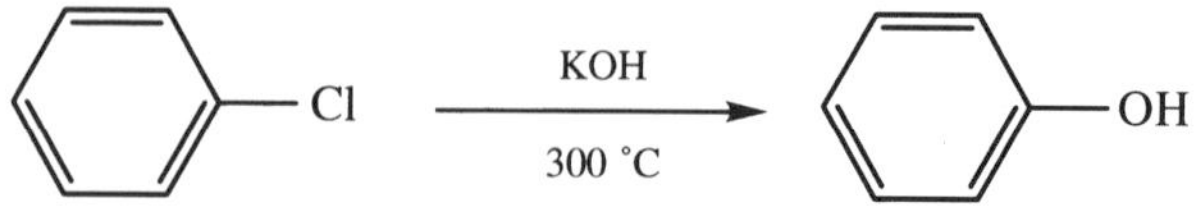

[化学反応式: C6H5-Cl → KOH, 300℃ → C6H5-OH]

この反応を進行させようとすると，工業的に行われているように，アルカリ水溶液と300℃近辺に加熱する必要がある．

クロロベンゼンは，グリニャール試薬を作るのも，非常に遅い．それで，グリニャール試薬はブロモベンゼンから作るのが普通である．一度グリニャール試薬を作ると，後のカルボニル化合物との反応などは，まったく普通である．

例をアセトン（2-プロパノン）にとって，次の式に示す．

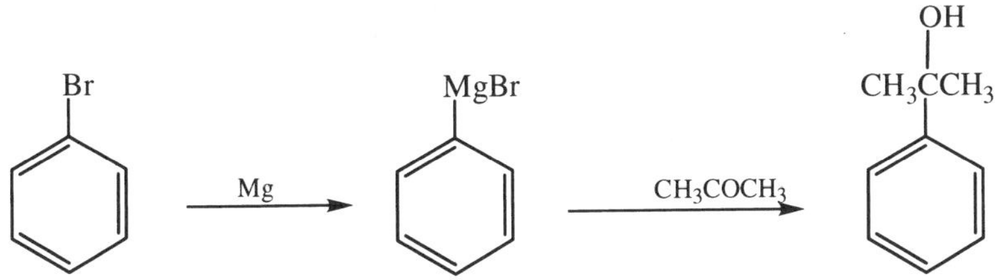

$$\underset{Br}{C_6H_5} \xrightarrow{Mg} \underset{MgBr}{C_6H_5} \xrightarrow{CH_3COCH_3} C_6H_5-\underset{OH}{\underset{|}{C}}(CH_3)_2$$

例題11.4 ベンゼンを出発物質として，ベンゼンカルボン酸を合成する方法を考えよ．

［解答］ベンゼンカルボン酸は，与えられた出発物質よりも，CO_2だけ多くなっている．これは，グリニャール試薬ができれば，二酸化炭素を作用させればよいことを示す．グリニャール試薬を作るには，ブロモベンゼンがあれば，可能である．それで，答は次のようになる．最後にできたマグネシウム塩を酸性にすれば，ベンゼンカルボン酸が得られる．

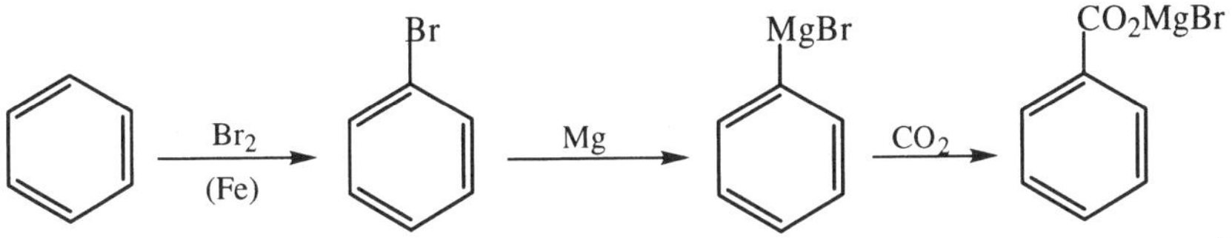

$$C_6H_6 \xrightarrow[(Fe)]{Br_2} C_6H_5Br \xrightarrow{Mg} C_6H_5MgBr \xrightarrow{CO_2} C_6H_5CO_2MgBr$$

ベンゼンスルホン酸には，ちょっと変わった反応が2種類知られている．

水酸化カリウムの固体とベンゼンスルホン酸の混合物を200℃以上に加熱すると，フェノールのカリウム塩が得られる．それで，この反応は，フェノールの合成法として使うことができる．

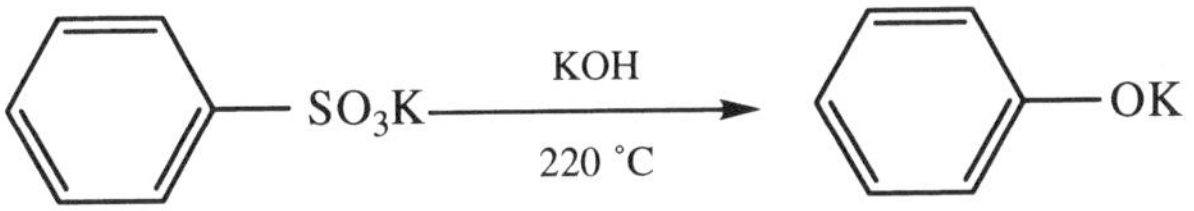

$$C_6H_5-SO_3K \xrightarrow[220\,°C]{KOH} C_6H_5-OK$$

また，ベンゼンスルホン酸は，うすい硫酸溶液と加熱すると，スルホ基（SO_3H）を失って，ベンゼンに戻る．

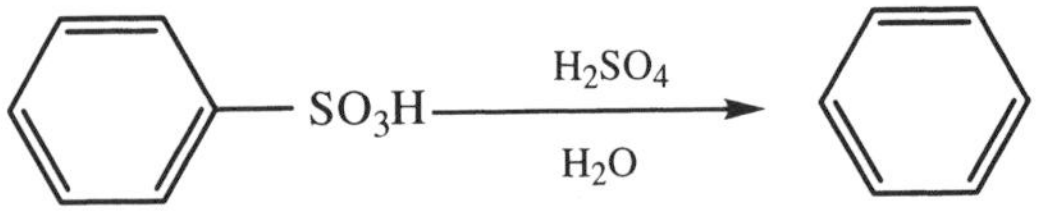

$$\text{C}_6\text{H}_5\text{-SO}_3\text{H} \xrightarrow[\text{H}_2\text{O}]{\text{H}_2\text{SO}_4} \text{C}_6\text{H}_6$$

それで，この反応は，ベンゼン環のある位置を反応しないようにブロックしておく手段として使うことができる．

フェノールは，アルコールに比べて，酸性が強い．この理由は，イオン解離してできるフェノール陰イオンには，次のような共鳴が可能で，この陰イオンが安定化されているためである．

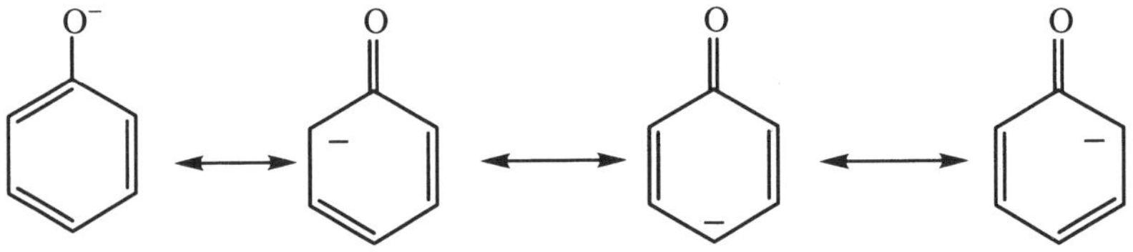

$$\text{C}_6\text{H}_5\text{OH} \rightleftarrows \text{C}_6\text{H}_5\text{O}^- + \text{H}^+$$

フェノール誘導体の酸性の強さは，普通，水酸化ナトリウムの水溶液には溶けるが，炭酸水素ナトリウム水溶液には溶けない程度とされる．したがって，フェノールはカルボン酸よりはずっと弱い酸である．

フェノールに，ベンゼン環の反応性を落とすような置換基を導入すると，酸性が強くなる．極端な例はピクリン酸（2,4,6-トリニトロフェノール）と呼ばれる化合物で，これは，エタン酸よりもかなり強い酸であることがわかっている．

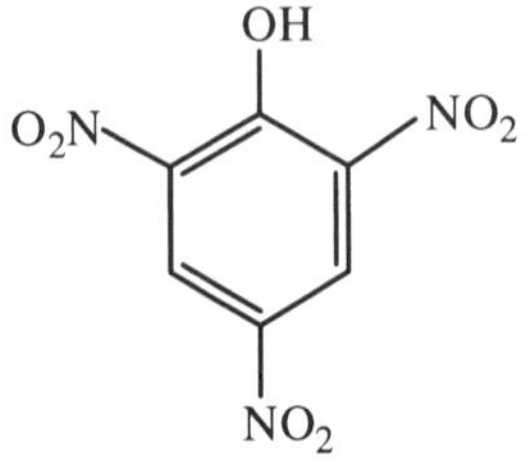

2,4,6-トリニトロフェノール
（ピクリン酸）

11.5 置換基の変換

フェノールは，水溶液で反応させると，非常に活性で，例えば，臭素を反応させると，2,4,6-トリブロモフェノールとなり，白い沈澱が生成する．臭素置換を1個で止めることは非常に困難である．

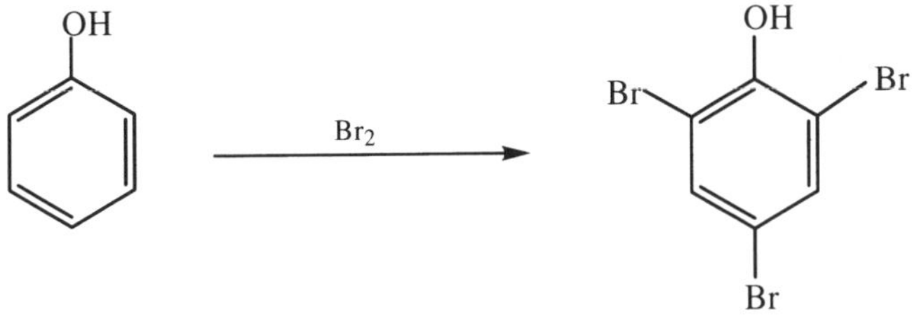

問題 11.6 フェノールの水溶液に塩素を作用させたときの生成物は何か．またその酸性の強さが無置換フェノールに比べてどうなるか予想せよ．

フェノールの2位に1個のブロモ置換基をもつ化合物を作りたいときには，先ほどのスルホ基を用いるのが便利である．フェノールは，濃硫酸で簡単にスルホン化されて，4-ヒドロキシベンゼンスルホン酸となる．これを低温で臭素化すると，4位はブロックされているから，臭素は，求める位置のみに入る．それで，最後に希硫酸と加熱すれば，求める化合物が得られるのである．

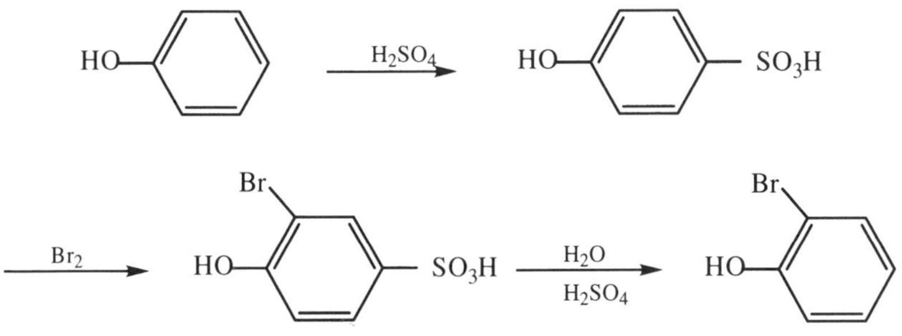

フェノールの反応性が大きいのは，フェノールが，水中でイオン解離するからである．イオン解離していないフェノールはそれほど反応性は高くない．トリブロモフェノールのような化合物が一挙にできてしまう理由は，フェノールからできる陰イオンによるものだと考えられている．その証拠に，フェノール

を酢酸溶液として臭素を加えると，4-ブロモフェノールが得られる．

$$\text{C}_6\text{H}_5\text{-OH} \xrightarrow[\text{(CH}_3\text{COOH)}]{\text{Br}_2} \text{Br-C}_6\text{H}_4\text{-OH}$$

フェノールは酸性が強いので，これをアルカリ水溶液に溶かして，反応させることができる．このとき，フェノールのナトリウム塩ができているので，これにヨウ化メチルを加えると，脂肪族におけるウィリアムソンのエーテル合成に相当する反応が可能である．この方法は，広く芳香族のエーテル合成に利用されている．

$$\text{C}_6\text{H}_5\text{-OH} \xrightarrow{\text{KOH}} \text{C}_6\text{H}_5\text{-O}^- \xrightarrow{\text{CH}_3\text{I}} \text{C}_6\text{H}_5\text{-OCH}_3$$

問題11.7 エチルフェニルエーテルを合成する方法を考えよ．

フェノールのヒドロキシル基は，アルコールとは違って，ヨウ化水素酸を作用させても変化しない．このため，メチルフェニルエーテルにヨウ化水素酸を働かせると，フェノールとヨードメタンが得られる．

$$\text{C}_6\text{H}_5\text{-OCH}_3 \xrightarrow{\text{HI}} \text{C}_6\text{H}_5\text{-OH} + \text{CH}_3\text{I}$$

アニリンのアミノ基は脂肪族の場合と同じように塩基である．そして，ベンゼン環の反応性を大きく高めている．しかし，アニリンは酸化を受けやすい．そのため臭素を加えると，フェノールの場合と同じようにトリブロモアニリンを与えるのであるが，同時に酸化も起こるので，着色した生成物が得られる．

$$\text{C}_6\text{H}_5\text{-NH}_2 \xrightarrow{\text{Br}_2} \text{2,4,6-Br}_3\text{C}_6\text{H}_2\text{-NH}_2$$

アニリンをそのまま，硝酸でニトロ化しようとしても，同じである．硝酸は，塩基であるアニリンと塩を作るので，しばらくはあまり変化がないが，やがて，真っ黒な生成物になってしまう．

このような問題点を解決するために，酢酸のアミドにして反応させる．この化合物をアセトアニリドという．このアセチル基は，加水分解してアミンにすることができるので，反応させる間だけ，アミノ基を保護していたということができる．アセチル基は，この際，保護基としての役割をしている．

4-ニトロアニリンは，これを利用して，アニリンをまずアセトアニリドに変えてから，ニトロ化し，加水分解して合成される．

$$\text{C}_6\text{H}_5\text{NH}_2 \xrightarrow{(\text{CH}_3\text{CO})_2\text{O}} \text{C}_6\text{H}_5\text{NHCOCH}_3 \xrightarrow{\text{HNO}_3} 4\text{-O}_2\text{N-C}_6\text{H}_4\text{-NHCOCH}_3 \xrightarrow[\text{HCl}]{\text{H}_2\text{O}} 4\text{-O}_2\text{N-C}_6\text{H}_4\text{-NH}_2$$

アミノ基をアセチル化して保護すると，ベンゼン環の反応性は，保護しないときに比べて小さくなる．それで，アセチル化したアミノ基は，ヒドロキシル基をもつ化合物より，ベンゼン環の反応性を下げている．

問題11.8 アニリンから4-クロロアニリンを合成する方法を考えよ．

アニリンは，脂肪族アミンと同じように塩基であるが，脂肪族に比べて，その塩基としての強さは，弱くなっている．その一例は，4-ニトロアニリンで，この塩基性は小さいので，濃い塩酸には溶けるが，うすい塩酸には溶けない．

11.6 置換基が2個ある場合の配向性

ベンゼン環に，置換基がすでに2個入っている場合，その次の置換基はどこに入るのだろう．まず，簡単な場合から考えてみよう．4-ニトロトルエンがその例である．

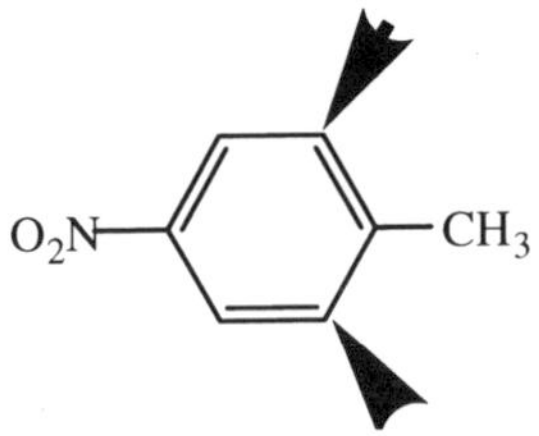

この場合には，メチル基はオルト・パラ配向性であり，ニトロ基はメタ配向性であるから，予想は容易である．問題は，そのような予測が，置換基の種類によって逆になるときである．例えば，4-メチルフェノールのニトロ化について考えてみよう．ヒドロキシル基もメチル基もオルト・パラ配向性であるから，次の置換基が入る位置は，どちらになるのかという問題である．ニトロ化をしてみると，ニトロ基はヒドロキシル基のオルトに入ることがわかる．

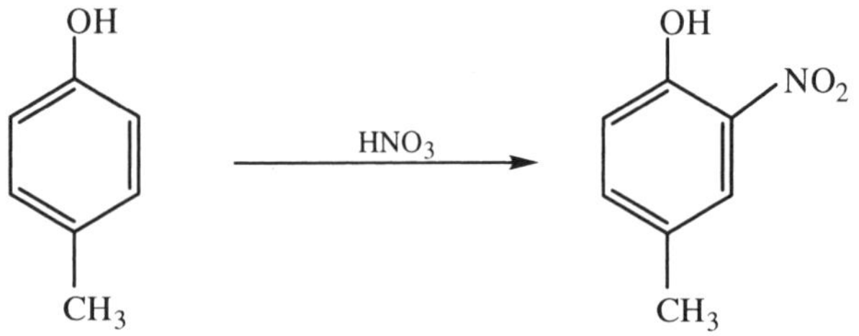

いろいろな実験をしてみた結果は，次のようにまとめることができる．ベンゼン環に2つの置換基がある場合，次の置換基の入る位置は，ベンゼン環の反応性が増すような基のオルト・パラである．2つの基がともにベンゼン環の反応性を強めている場合には，より反応性を強めている基のオルト・パラに入る．

例題11.5 3-ニトロフェノールをニトロ化するとき，次のニトロ基が入る位置はどこか．

［解答］ニトロ基はベンゼン環の反応性を弱める．ゆえに，次に置換基が入る位置はヒドロキシル基によって決まる．ヒドロキシル基のオルト・パラ位は全部空いているので，3種類の化合物ができる可能性があるが，立体障害という点から考えて，2,5-ジニトロフェノールが最もできやすいものと考えられる．

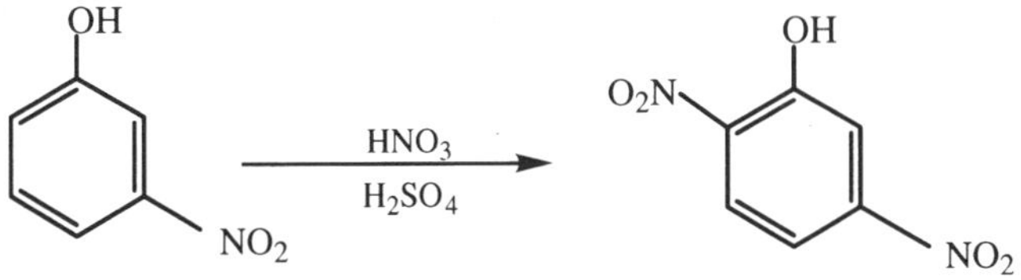
OH
NO_2
HNO_3
H_2SO_4
OH
O_2N
NO_2

問題11.9　4-ヒドロキシアセトアニリドを臭素で処理したときの生成物を予想せよ．ただし，臭素は4-ヒドロキシアセトアニリドに対して等モル用いるものとする．

章末問題

11.1　ベンゼンを出発物質として，次の化合物を合成する方法を考えよ．

a) 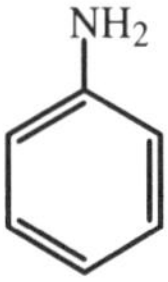
NH_2
b) 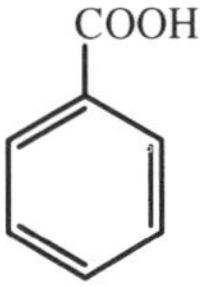
COOH
c) 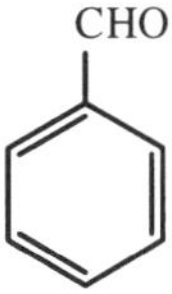
CHO
d) 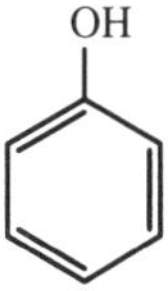
OH

11.2　ベンゼンまたはトルエンを出発物質として，次の化合物を合成する方法を考案せよ．

a) 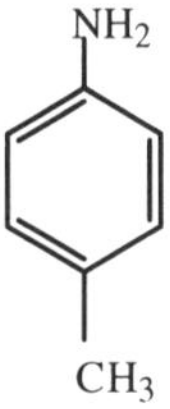
NH_2
CH_3
b) 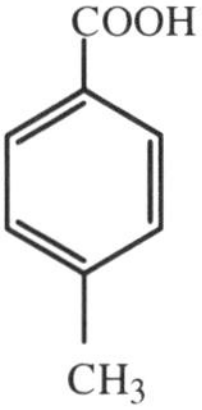
COOH
CH_3
c) 
Br
NO_2
d) 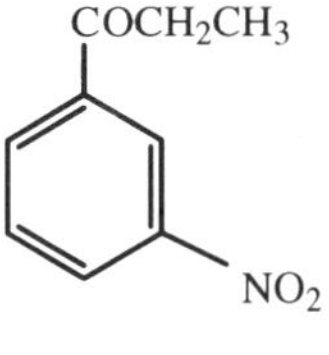
$COCH_2CH_3$
NO_2

11.3　次の化合物を直前の前駆物質からニトロ化するには，かなり激しい条件が必要かどうかを判定せよ．

a) 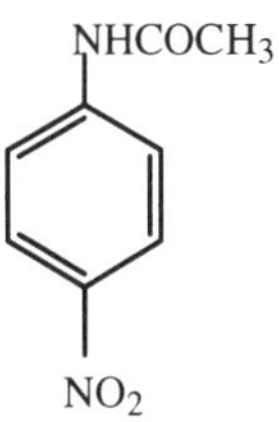
$NHCOCH_3$
NO_2
b) 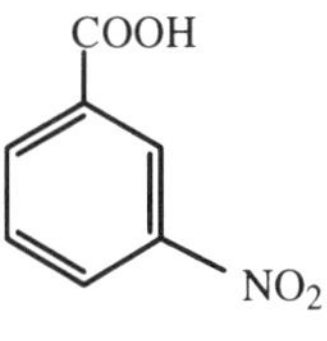
COOH
NO_2
c) 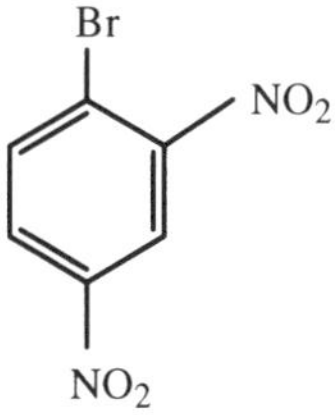
Br
NO_2
NO_2
d) 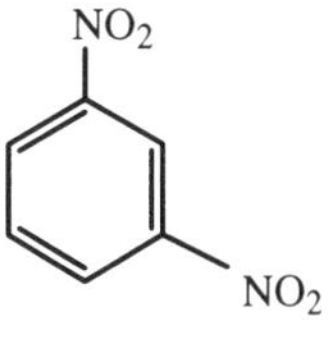
NO_2
NO_2

11.4 アセトアニリドまたは置換アセトアニリドを出発物質として，次の化合物を合成する方法を考案せよ．また，アニリンに，同じ方法で反応させて求める化合物が得られるかどうかを考えよ．

a) 4-Cl-C₆H₄-NHCOCH₃ (p-クロロアセトアニリド)

b) 2-NO₂-4-CH₃-C₆H₃-NHCOCH₃

c) 2-NO₂-4-Cl-C₆H₃-NHCOCH₃

d) 2-Br-4-Br-C₆H₃-NHCOCH₃

11.5 次の化合物に，硝酸または硝酸と硫酸の混合物を作用させたとき，ニトロ基はどの位置に入りやすいかを推定せよ．

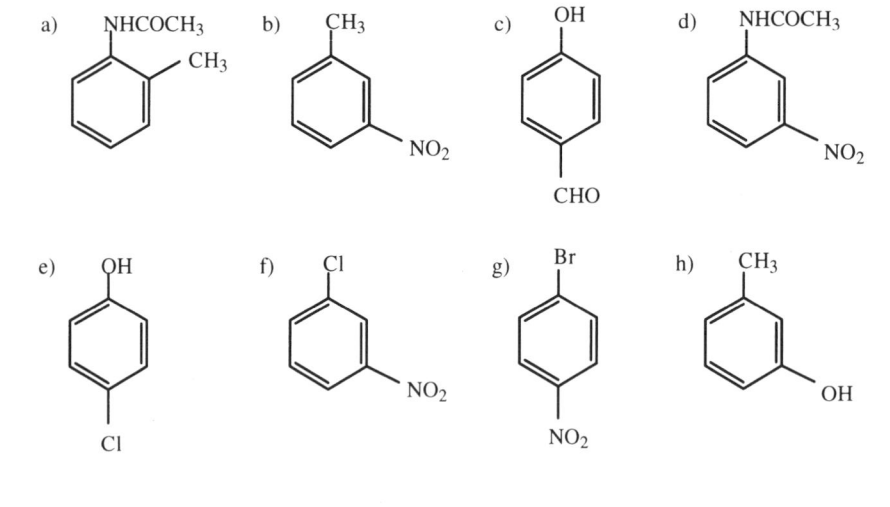

a) 2-メチルアセトアニリド (NHCOCH₃, o-CH₃)

b) 3-ニトロトルエン (CH₃, m-NO₂)

c) 4-ヒドロキシベンズアルデヒド (OH, p-CHO)

d) 3-ニトロアセトアニリド (NHCOCH₃, m-NO₂)

e) 4-クロロフェノール (OH, p-Cl)

f) 3-ニトロクロロベンゼン (Cl, m-NO₂)

g) 4-ニトロブロモベンゼン (Br, p-NO₂)

h) 3-メチルフェノール (CH₃, m-OH)

12. アニリンのジアゾ化とジアゾニウム塩の反応

12.1 アニリンと亜硝酸との反応

　脂肪族のアミンと亜硝酸との反応は，アミンが第1級，第2級，第3級のどれかによって，特有の反応をすることがわかった．第1級アミンは窒素を放って第1級アルコールまたはアルケンを与え，第2級アミンはN-ニトロソ化合物を与え，第3級アミンは反応しなかった．芳香族のアミンも，これによく似た反応をするのだろうか．

　アニリンを例にして，その結果を述べよう．アニリンは，ベンゼンジアゾニウム塩と呼ばれる化合物を与える．N-メチルアニリンは，脂肪族の場合とまったく同じで，N-メチル-N-ニトロソアニリンを与える．N,N-ジメチルアニリンは，窒素原子の上では反応しないが，ベンゼン環にニトロソ基が導入された化合物を与える．

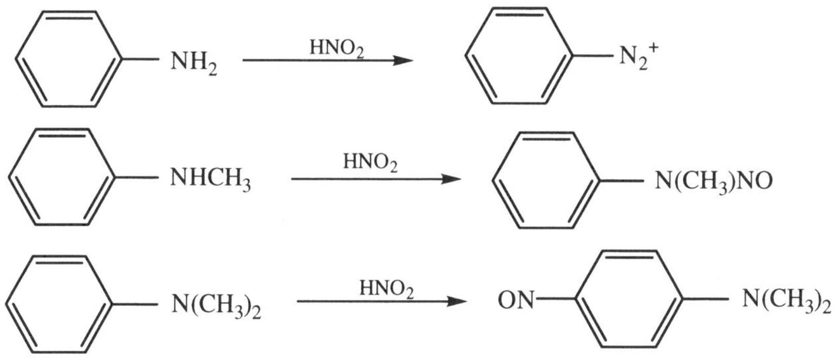

第1級アミンに亜硝酸を作用させると,ジアゾニウムイオンができるので,この反応を**ジアゾ化**という.アニリンと塩酸から生成する化合物は,塩化ベンゼンジアゾニウムである.第2級アミンと亜硝酸との反応は,脂肪族の場合とまったく変わらない.第3級アミンの場合は,ベンゼン環にジメチルアミノがついているため,ベンゼン環が反応しやすくなっており,ニトロソ化が起こったものと考えられる.この点については,また後に述べる.

問題12.1 N-エチルアニリンに亜硝酸を働かせたときの生成物を予想せよ.

脂肪族と芳香族アミンのジアゾ化

芳香族アミンでなければジアゾ化はできないのだろうか.答はノーである.脂肪族の第1級アミンでも,ジアゾ化は進行する.しかし,脂肪族のジアゾニウムイオンは芳香族のジアゾニウムイオンに比べて不安定である.それで,脂肪族第1級アミンの場合は,ただちにアルコールやアルケンに分解してしまう.これに対して,芳香族の場合は,ジアゾニウムイオンが安定で,何かの試薬を加えない限り,0°C近辺では変化が遅い.

$$CH_3CH_2NH_2 \xrightarrow{HNO_2} CH_3CH_2N_2^+ \longrightarrow CH_2=CH_2 \text{ など}$$

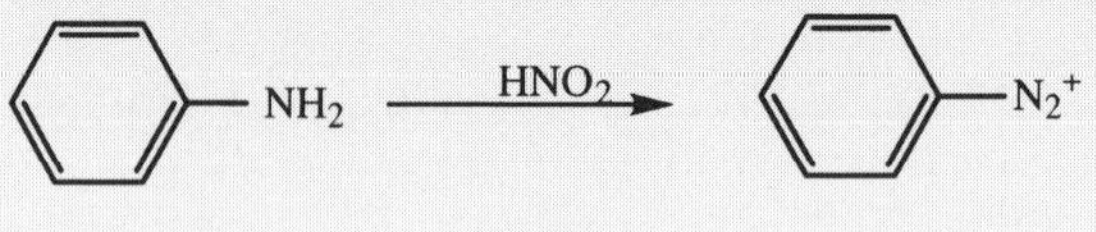

$$C_6H_5-NH_2 \xrightarrow{HNO_2} C_6H_5-N_2^+$$

12.2 ジアゾニウムイオンの反応

第1級の芳香族アミンから得られるジアゾニウムイオンは,種々の反応を行い,アミノ基を種々の置換基に変換することができるので,芳香族化合物を合成する上で,非常に重要な地位を占めている.どのような反応が可能なのか,以下に置換基の種類によって,分けて考えよう.

12.2.1 アミノ基をハロゲンに変える反応

ジアゾニウム塩に，還元剤を加えて，ハロゲン化合物を作用させると，アミノ基をハロゲンに変換することができる．還元剤としては，金属銅や，銅(I)イオンがしばしば用いられる．

ジアゾニウムイオン溶液に塩化銅(I)を含む塩酸溶液を加えると，クロロベンゼンが生成する．

$$\text{C}_6\text{H}_5\text{-N}_2^+ \xrightarrow[\text{HCl}]{\text{Cu}_2\text{Cl}_2} \text{C}_6\text{H}_5\text{-Cl}$$

同様にして，ジアゾニウム塩溶液に，臭化銅(I)を含む臭化水素酸溶液を加えると，ブロモベンゼンが得られる．

$$\text{C}_6\text{H}_5\text{-N}_2^+ \xrightarrow[\text{HBr}]{\text{Cu}_2\text{Br}_2} \text{C}_6\text{H}_5\text{-Br}$$

ジアゾニウム塩をヨード置換基に変えるには，銅(I)塩を使わなくても，単にヨウ化カリウムで処理するだけでよい．これは，ヨウ化物イオンには還元性があるからである．

$$\text{C}_6\text{H}_5\text{-N}_2^+ \xrightarrow{\text{KI}} \text{C}_6\text{H}_5\text{-I}$$

ヨウ素は，ほかのハロゲンと違って，芳香族化合物を直接ヨウ素化することが困難であるので，この反応は，ヨウ素化合物を合成するのに重要である．

例題12.1 トルエンから出発して，アミン経由で，4-ヨードトルエンを合成する方法を考えよ．

［解答］「アミンを経由して」という題意は，ジアゾ反応を用いてという意味に解することができる．それには，4-アミノトルエンが必要であり，4-ニトロトルエンが得られれば，その合成が可能と考えられる．よって，答は，次の式で表される．

問題12.2 2-メチルアニリンから出発して2-クロロトルエン（1-クロロ-2-メチルベンゼン）を合成する方法を考案せよ．

12.2.2 アミノ基を水素に変える反応

ジアゾニウムイオンを還元して，水素に変える方法が知られている．これは，ジアゾニウムイオンに次亜リン酸（H_3PO_2）またはエタノールを作用させることによって行われる．この反応は，普通は置換基を導入できない位置に，置換基を導入する方法として重要である．例えば，3-ニトロトルエンを合成する方法を考えてみよう．トルエンをニトロ化しても，3の位置にニトロ基は入らないが，4-メチルアセトアニリドを経由する方法では可能となるのである．

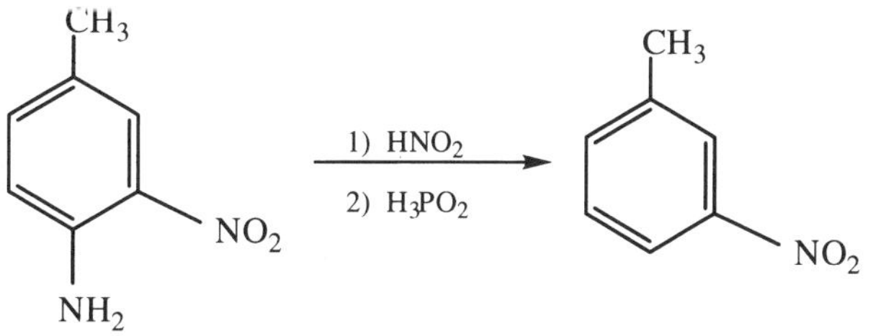

$$\underset{\underset{NH_2}{}}{\overset{CH_3}{\underset{NO_2}{\bigcirc}}} \xrightarrow[\text{2) }H_3PO_2]{\text{1) }HNO_2} \overset{CH_3}{\underset{NO_2}{\bigcirc}}$$

問題12.3 4-メチルアセトアニリドをニトロ化すると，2-ニトロ-4-メチルアセトアニリドが得られる理由を説明せよ．

つまり，まず，トルエンのパラ位を，ニトロ化によってブロックし，メチル基のメタ位にニトロ基を導入するために，4-ニトロトルエンのニトロ基を還元してアミノ基にしてから，アセチル化して保護する．こうして得られた4-アセトアミド-3-ニトロトルエンを加水分解してアミンとし，ジアゾ化した後，還元してアミノ基を除去すると，求める化合物が得られるのである．

問題12.4 トルエンを出発物質として，3-ヨードトルエンを合成する方法を考えよ．

12.2.3 アミノ基を炭素を含む置換基に変える反応

アミノ基をシアノ基に変えることも可能である．芳香環に直接ついたハロゲンをシアノ基に置換することは容易でないから，この方法は芳香族カルボン酸のニトリルを作る方法として便利である．

合成法としては，ジアゾニウム塩の溶液に，シアン化銅（Ⅰ）を加える．ベンゼンジアゾニウム塩の場合には，ベンゾニトリルが生成する．

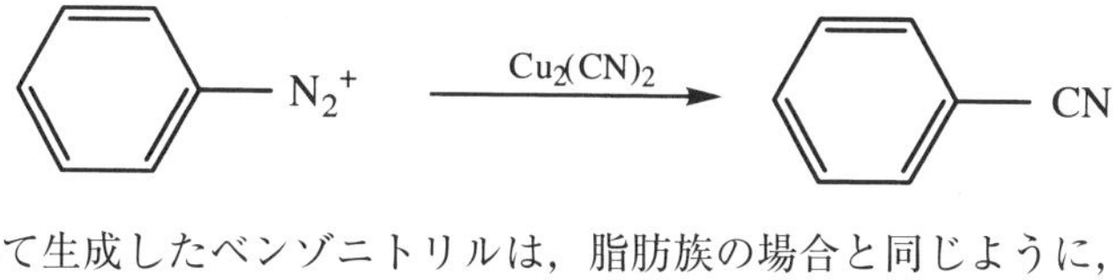

$$\bigcirc-N_2^+ \xrightarrow{Cu_2(CN)_2} \bigcirc-CN$$

こうして生成したベンゾニトリルは，脂肪族の場合と同じように，加水分解して安息香酸にすることができる．

例題12.2 ベンゼンから出発して，グリニャール反応を経ないで，安息香酸を合成する方法を考えよ．

[解答] アニリンがあれば，上記の方法によって，安息香酸が合成できる．アニリンは，ニトロベンゼンを還元すれば生成し，ニトロベンゼンはベンゼンのニトロ化で得られるから，次の方法が考えられる．

$$\text{C}_6\text{H}_6 \xrightarrow{\text{HNO}_3} \text{C}_6\text{H}_5\text{NO}_2 \xrightarrow[\text{HCl}]{\text{Fe}} \text{C}_6\text{H}_5\text{NH}_2 \xrightarrow[\text{HCl}]{\text{HNO}_2} \text{C}_6\text{H}_5\text{N}_2^+$$

$$\xrightarrow{\text{Cu}_2(\text{CN})_2} \text{C}_6\text{H}_5\text{CN} \xrightarrow[\text{H}_2\text{SO}_4]{\text{H}_2\text{O}} \text{C}_6\text{H}_5\text{COOH}$$

問題12.5 ベンゼンから出発して，ジアゾ反応を経てフェニルメタノール（$C_6H_5CH_2OH$）を合成する方法を考案せよ．

12.2.4 アミノ基をヒドロキシル基に変える反応

ジアゾニウム塩をフェノールに変えることもできる．この場合は，ジアゾニウム塩を合成する際にも，塩酸でなく，硫酸を用いることが推奨される．その理由は，塩酸などでは，一部クロロベンゼンが生成するなど，不都合が生じることがあるためである．実際にフェノールを合成するには，低温で作ったジアゾニウム塩の溶液を，沸騰している希硫酸に加える．酸性の溶液で分解するのは，後で述べるジアゾカップリングをできるだけ少なくするためと考えられている．

$$\text{C}_6\text{H}_5\text{N}_2^+ \xrightarrow{\text{H}_2\text{O}} \text{C}_6\text{H}_5\text{-OH} + \text{N}_2$$

例題12.3 ベンゼンを出発物質として，フェノールを合成する方法を考えよ．

［解答］　上記の安息香酸の場合と同じに考えればよい．アニリンがあればフェノールが得られ，アニリンはニトロベンゼン，ニトロベンゼンはベンゼンから合成できるからである．

12.2.5　ジアゾカップリング

ジアゾニウム塩を，アルカリ水溶液としたフェノールや中性のN,N-ジメチルアニリンのように，ベンゼン環の反応性が特に高い化合物に加えると，ジアゾニウムから窒素が失われることなく，反応生成物となる．このような反応を**ジアゾカップリング**という．この反応は，ベンゼンにテトラフルオロホウ酸ニトロニウムや重水素イオンが反応したのと同じ種類の反応であることがわかるであろう．しかし，この反応は，ジアゾニウムイオンと特に反応しやすい化合物のベンゼン環との間に起こるのが特徴である．

$$\text{C}_6\text{H}_5-\text{N}_2^+ + \text{C}_6\text{H}_5-\text{N}(\text{CH}_3)_2$$
$$\longrightarrow \text{C}_6\text{H}_5-\text{N}=\text{N}-\text{C}_6\text{H}_4-\text{N}(\text{CH}_3)_2$$

$$\text{C}_6\text{H}_5-\text{N}_2^+ + \text{C}_6\text{H}_5-\text{O}^-$$
$$\longrightarrow \text{C}_6\text{H}_5-\text{N}=\text{N}-\text{C}_6\text{H}_4-\text{O}^-$$
$$\xrightarrow{\text{HCl}} \text{C}_6\text{H}_5-\text{N}=\text{N}-\text{C}_6\text{H}_4-\text{OH}$$

ここに生成する化合物のようにN=Nの結合をもつ化合物を**アゾ化合物**という．ジアゾカップリングは，常に，ベンゼン環の反応性を増している置換基の

4位に起こる．しかし，4位がすでに置換基でふさがっているときは，活性化している置換基の2位に起こることがある．

例題12.4 4-メチルフェノールをアルカリ水溶液にして，ベンゼンジアゾニウム塩を作用させたとき，生成する化合物は何か．

アゾ染料とアゾ化合物

アゾ化合物は，特有の色をもっているものが多い．例えば，N,N-ジメチルアミノベンゼンから合成される4-ジメチルアミノアゾベンゼンは黄色の化合物で，昔は，バターイエローと称して，マーガリンの色づけに使われたものであった．しかし，その後，この化合物には発ガン性のあることが明らかとなり，現在では使用が禁止されている．また，アゾ化合物には，昔から着物を作る糸を染める染料として使われたり，酸とアルカリで特有の色を示すので，中和を知る試薬（指示薬）として使われたものも多い．以下に，そのいくつかの例を示す．

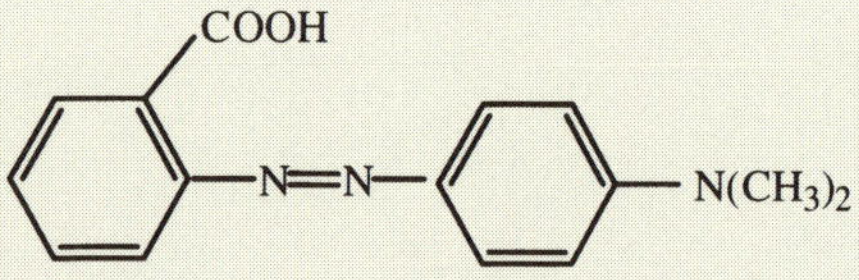

メチルレッド

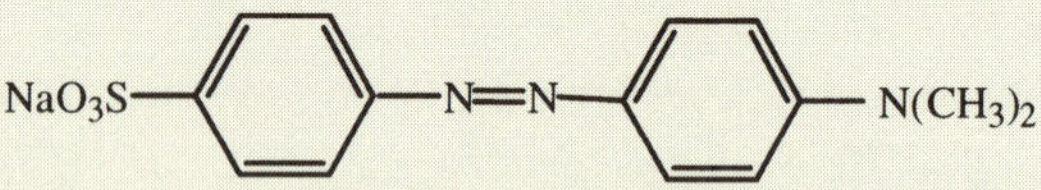

メチルオレンジ

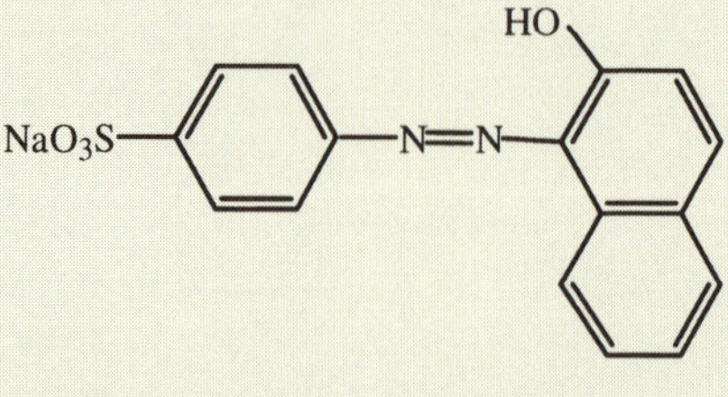

オレンジⅡ

[解答] この時には, フェノールのヒドロキシル基の4位はメチル基でふさがれているので, ジアゾカップリングは2位に起こる.

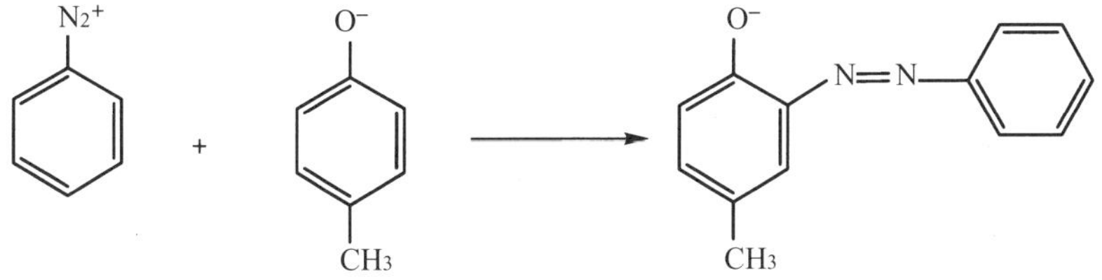

章末問題

12.1 次の化合物に亜硝酸を作用させるときに生成する化合物を予想せよ.

a) 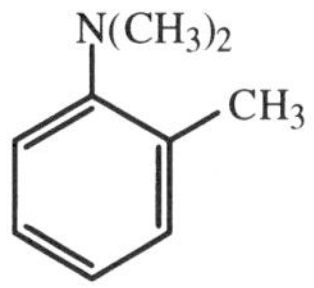 2-メチル-N,N-ジメチルアニリン
b) 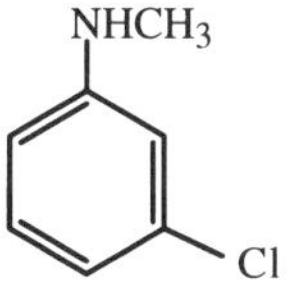 3-クロロ-N-メチルアニリン
c) 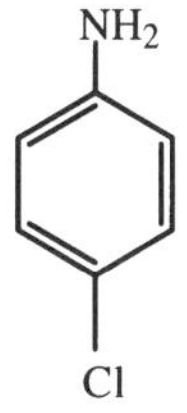 4-クロロアニリン

d) 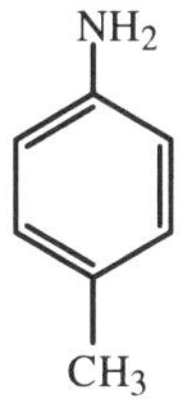 4-メチルアニリン
e) 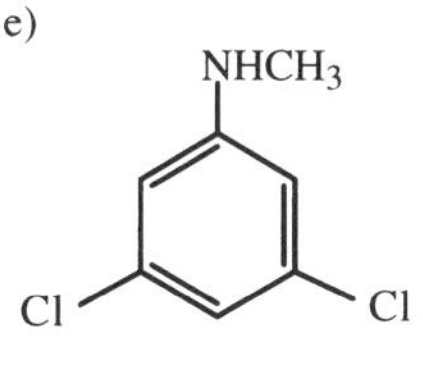 3,5-ジクロロ-N-メチルアニリン
f) 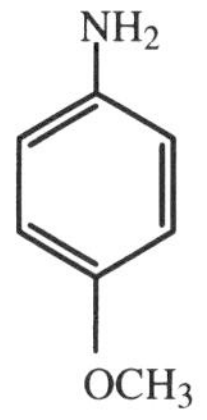 4-メトキシアニリン

g) 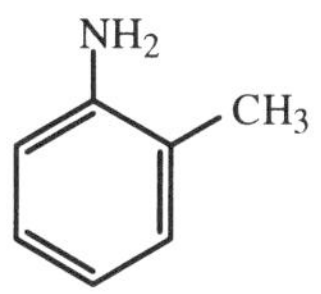 2-メチルアニリン
h) 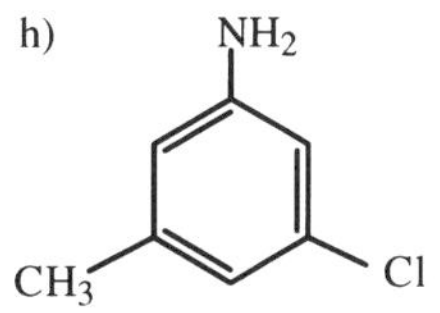 3-クロロ-5-メチルアニリン
i) 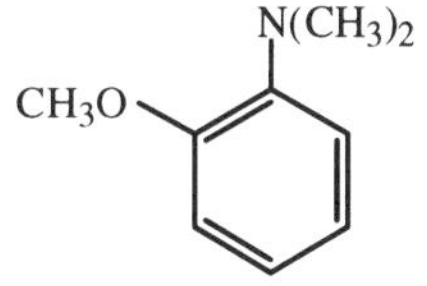 2-メトキシ-N,N-ジメチルアニリン

12.2 ベンゼンまたはトルエンを出発物質にして, 次の化合物を合成する方法を考えよ.

a) 

b) 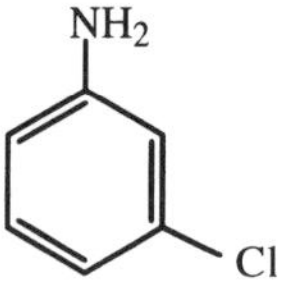

c) 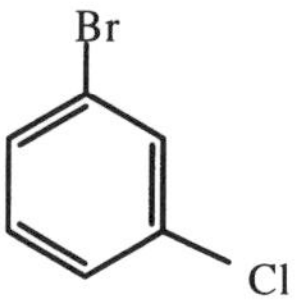

d) 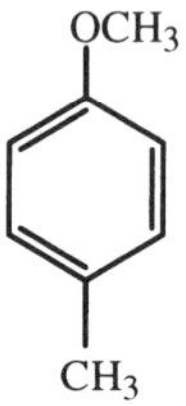

e) 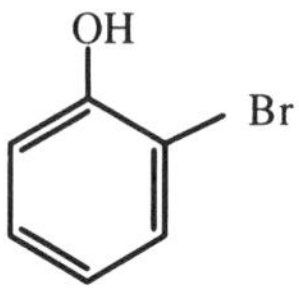

f) 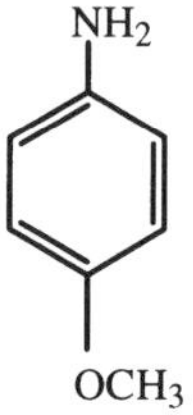

12.3 アセトアニリドまたは4-メチルアセトアニリドを出発物質として，次の化合物を合成する方法を考案せよ．

a) 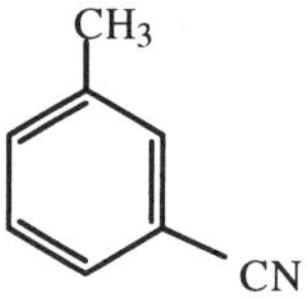

b) 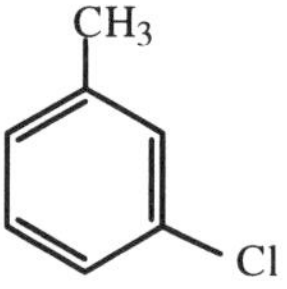

c) 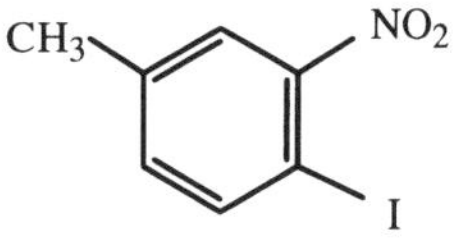

d) 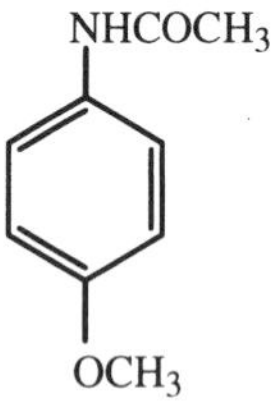

e) 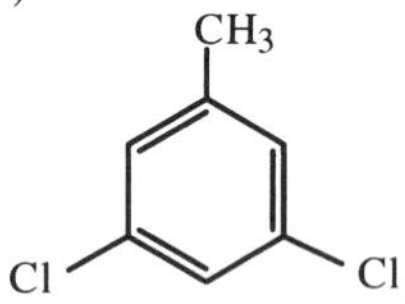

f) 

12.4 次の反応を行わせたときの反応生成物の構造式を書け．

a) 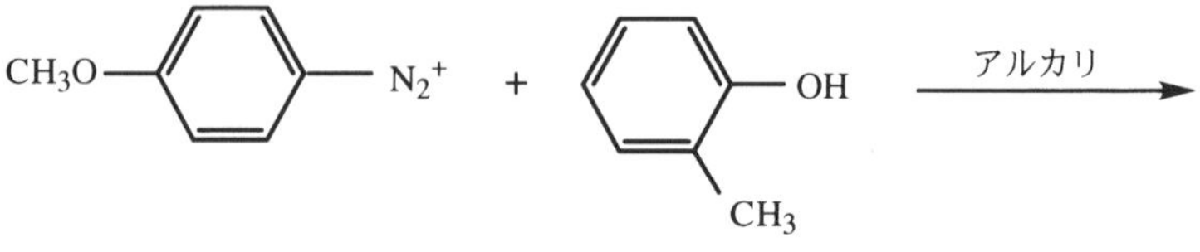

b) CH$_3$–C$_6$H$_4$–N$_2^+$ + (2-CH$_3$,1-N(CH$_3$)$_2$)C$_6$H$_4$ ⟶

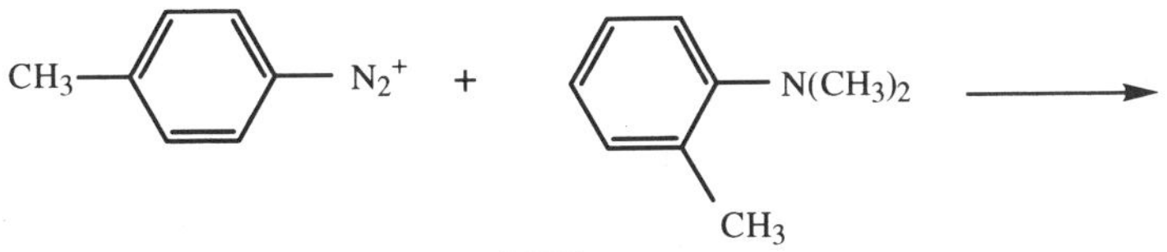

c) C$_6$H$_5$–N$_2^+$ + レゾルシノール(1,3-(HO)$_2$C$_6$H$_4$) —アルカリ→

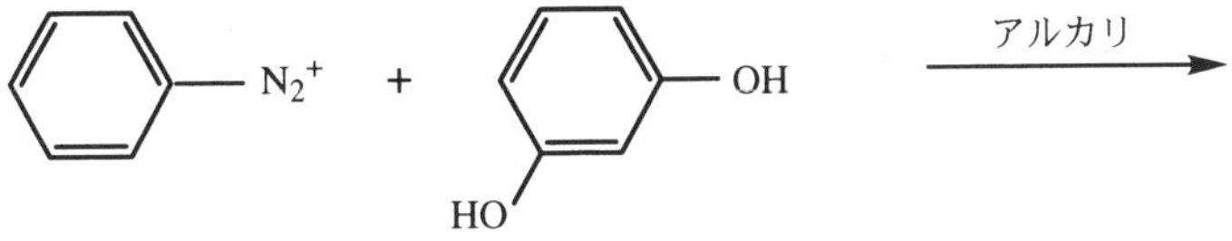

12.5 次のアゾ化合物を合成するには，どのような化合物を反応させればよいか．

a) 2-COOH-C$_6$H$_4$–N=N–C$_6$H$_4$–OH (p)

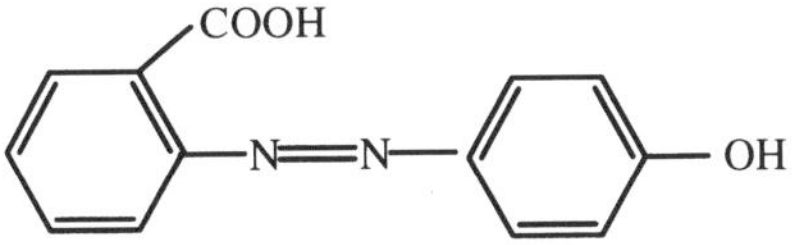

b) CH$_3$–C$_6$H$_4$–N=N–C$_6$H$_4$–N(CH$_3$)$_2$

c) C$_6$H$_5$–N=N–(3-CH$_3$,4-N(CH$_3$)$_2$)C$_6$H$_3$

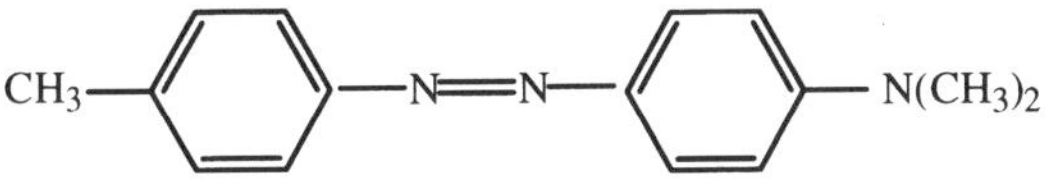

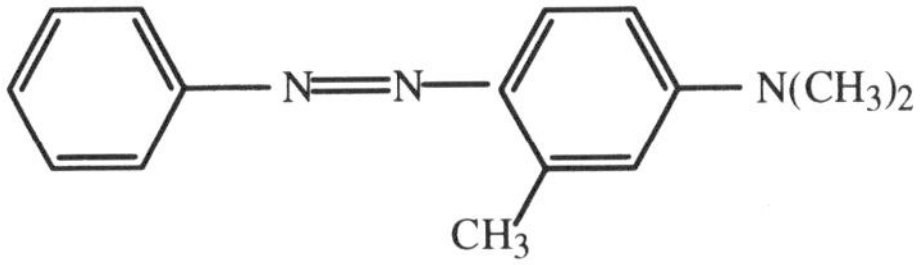

問 題 の 略 解

第1章
  問題1.1　44分の12または11分の3
  問題1.2　略
章末問題
  1.1　a)　C_2H_6O, C_2H_6O
     b)　CH_2O, $C_2H_4O_2$
     c)　C_3H_2Cl, $C_6H_4Cl_2$
     d)　C_6H_5, $C_{12}H_{10}$
     e)　CH_2O, $C_6H_{12}O_6$
     f)　$C_{12}H_{22}O_{11}$, $C_{12}H_{22}O_{11}$
     g)　C_8H_9NO, C_8H_9NO
     h)　$C_6H_7NO_2S$, $C_6H_7NO_2S$
     i)　C_4H_5S, $C_8H_{10}S$
     j)　CH_2Br, $C_2H_4Br_2$
  1.2　a)　H–C(H)(H)–O–H

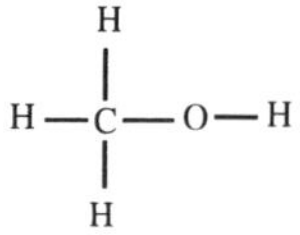

b) H–C(H)(H)–Cl

c) H–C(H)(H)–S–H

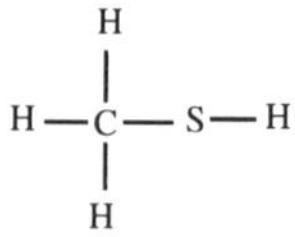

d) H–C(H)(H)–C(H)(H)–H

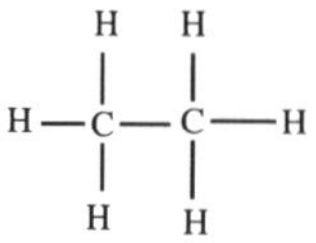

e) H–C(H)(H)–C(H)(Cl)–Cl　または　Cl–C(H)(H)–C(H)(H)–Cl

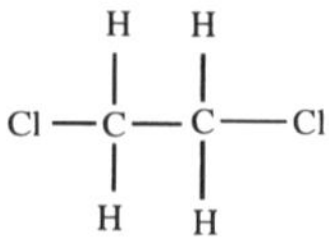

f) H–C(H)(H)–C(H)(H)–S–H　または　H–C(H)(H)–S–C(H)(H)–H

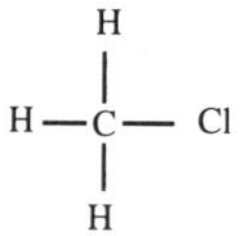

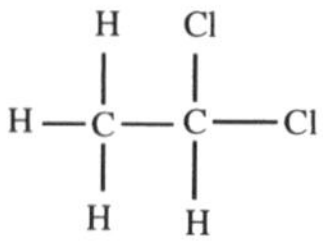

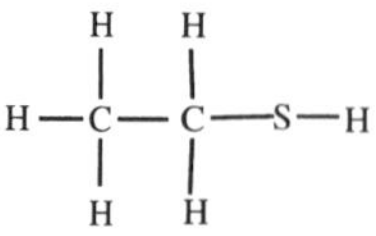

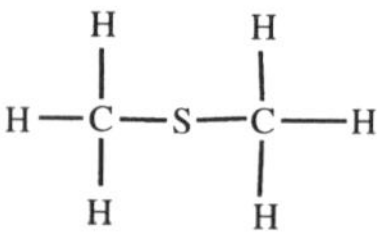

第2章

問題2.1 (H)

H–C(H)(H)–O–H

(J)

H–C(H)(H)–C(H)(H)–C(H)(H)–O–H

(K)

H–C(H)(H)–C(H)(H)–C(H)(H)–C(H)(H)–O–H

問題2.2

H) $2\,CH_3OH + 2\,Na \longrightarrow H_2 + 2\,NaOCH_3$

J) $2\,CH_3CH_2CH_2OH + 2\,Na \longrightarrow H_2 + 2\,NaOCH_2CH_2CH_3$

K) $2\,CH_3CH_2CH_2CH_2OH + 2\,Na$

問題2.3 (L)

H–C(H)(H)–C(H)(O–H)–C(H)(H)–H

(M)

H–C(H)(H)–C(H)(H)–C(H)(H)–C(H)(H)–H (with O–H on third C)

(N)

H–C(H)(H)(H) (CH₃ branch)
H–C(H)–C(H)–H with O–H

問題2.4

L) $2\,CH_3\text{-}\underset{OH}{CH}\text{-}CH_3 + 2\,Na \longrightarrow H_2 + 2\,CH_3\text{-}\underset{ONa}{CH}\text{-}CH_3$

M) $2\,CH_3CH_2\text{-}\underset{OH}{CH}\text{-}CH_3 + 2\,Na \longrightarrow H_2 + 2\,CH_3CH_2\text{-}\underset{ONa}{CH}\text{-}CH_3$

N) $2\,CH_3\text{-}\underset{OH}{\overset{CH_3}{C}}\text{-}CH_3 + 2\,Na \longrightarrow H_2 + 2\,CH_3\text{-}\underset{ONa}{\overset{CH_3}{C}}\text{-}CH_3$

問題2.5 (P) 第3級 (Q) 第1級 (R) 第2級

問題2.6 $2\,CH_3CH_2OH + Mg \longrightarrow H_2 + Mg(OCH_2CH_3)_2$

問題2.7 $CH_3CH_2CH_2CH_2OH + HI \longrightarrow CH_3CH_2CH_2CH_2I + H_2O$

問題2.8 $(CH_3)_2C(OH)CH_2CH_3 + HCl \longrightarrow (CH_3)_2C(Cl)CH_2CH_3 + H_2O$

問題2.9 $CH_3CH_2CH(OH)CH_3 + HI \longrightarrow CH_3CH_2CH(I)CH_3 + H_2O$

問題2.10 C_4H_8

問題2.11 $3 (CH_3)_2CHOH + PCl_3 \longrightarrow 3 (CH_3)_2CHCl + P(OH)_3$

問題2.12 $3 CH_3CH_2CH_2CH_2OH + PBr_3 \longrightarrow 3 CH_3CH_2CH_2CH_2Br + P(OH)_3$

問題2.13 $CH_3\text{-}CH(OH)\text{-}CH_3 \xrightarrow{[O]} C_3H_6O$

問題2.14 $CH_3CH_2CH_2CH_2OH \quad (CH_3)_2CHCH_2OH \quad CH_3CH_2CH(OH)CH_3$
$(CH_3)_3COH$

章末問題

2.1 a), b), c) [構造式]

2.2
$6 CH_3CH_2CH_2OH + 2 Al \longrightarrow 3 H_2 + 2 Al(OCH_2CH_2CH_3)_3$

$2 CH_3CH_2CH_2OH + Mg \longrightarrow H_2 + Mg(OCH_2CH_2CH_3)_2$

$6 (CH_3)_2CHOH + 2 Al \longrightarrow 3 H_2 + 2 Al[OCH(CH_3)_2]_3$

$2 (CH_3)_2CHOH + Mg \longrightarrow H_2 + Mg[OCH(CH_3)_2]_2$

$6 (CH_3)_2CHCH(OH)CH_3 + 2 Al \longrightarrow 3 H_2 + 2 Al[OCH(CH_3)CH(CH_3)_2]_3$

$2 (CH_3)_2CHCH(OH)CH_3 + Mg \longrightarrow H_2 + Mg[OCH(CH_3)CH(CH_3)_2]_2$

2.3 a) C_3H_6 b) C_3H_6 c) C_5H_{10}

2.4 a) $3 CH_3OH + PCl_3 \longrightarrow 3 CH_3Cl + P(OH)_3$

$CH_3OH + SOCl_2 \longrightarrow CH_3Cl + SO_2 + HCl$

問 題 の 略 解　　　　　　　　　　　　　　　179

b)　$3\ CH_3CH_2CH_2OH\ +\ PCl_3\ \longrightarrow\ 3\ CH_3CH_2CH_2Cl\ +\ P(OH)_3$

　　　$CH_3CH_2CH_2OH\ +\ SOCl_2\ \longrightarrow\ CH_3CH_2CH_2Cl\ +\ SO_2\ +\ HCl$

c)　$3\ (CH_3)_3CCH_2OH\ +\ PCl_3\ \longrightarrow\ 3\ (CH_3)_3CCH_2Cl\ +\ P(OH)_3$

　　　$(CH_3)_3CCH_2OH\ +\ SOCl_2\ \longrightarrow\ (CH_3)_3CCH_2Cl\ +\ SO_2\ +\ HCl$

d)　$3\ (CH_3)_2CHOH\ +\ PCl_3\ \longrightarrow\ 3\ (CH_3)CHCl\ +\ P(OH)_3$

　　　$(CH_3)_2CHOH\ +\ SOCl_2\ \longrightarrow\ (CH_3)_2CHCl\ +\ SO_2\ +\ HCl$

e)　$3\ CH_3CH_2CH_2CH_2OH\ +\ PCl_3\ \longrightarrow\ 3\ CH_3CH_2CH_2CH_2Cl\ +\ P(OH)_3$

　　　$CH_3CH_2CH_2CH_2OH\ +\ SOCl_2\ \longrightarrow\ CH_3CH_2CH_2CH_2Cl\ +\ SO_2\ +\ HCl$

f)　$3\ CH_3CH(OH)CH(CH_3)_2\ +\ PCl_3$
　　　$\longrightarrow\ 3\ CH_3CH(Cl)CH(CH_3)_2\ +\ P(OH)_3$

　　　$CH_3CH(OH)CH(CH_3)_2\ +\ SOCl_2$
　　　$\longrightarrow\ CH_3CH(Cl)CH(CH_3)_2\ +\ SO_2\ +\ HCl$

2.5　a)　$2\ CH_3CH_2CH_2OH\ \xrightarrow{H_2SO_4}\ CH_3CH_2CH_2OCH_2CH_2CH_3\ +\ H_2O$

b)　$2\ CH_3OH\ \xrightarrow{H_2SO_4}\ CH_3OCH_3\ +\ H_2O$

c)　$2\ CH_3CH_2CH_2CH_2OH\ \xrightarrow{H_2SO_4}\ CH_3CH_2CH_2CH_2OCH_2CH_2CH_2CH_3\ +\ H_2O$

2.6　a)　C_3H_6O　　b)　C_3H_6O　　c)　C_4H_8O

2.7　a)　$CH_3OCH_3\ +\ 2\ HI\ \longrightarrow\ 2\ CH_3I\ +\ H_2O$

b)　$CH_3OCH_2CH_3\ +\ 2\ HI\ \longrightarrow\ CH_3I\ +\ CH_3CH_2I\ +\ H_2O$

c)　$CH_3CH_2CH_2OCH_2CH_2CH_3\ +\ 2\ HI\ \longrightarrow\ 2\ CH_3CH_2CH_2I\ +\ H_2O$

2.8　生成物は$CH_3CH_2CH_2CH_2I$のみであるから，エーテル酸素の両側には$CH_3CH_2CH_2CH_2$の構造だけがあったことになる．したがって，求める構造は，$CH_3CH_2CH_2CH_2OCH_2CH_2CH_2CH_3$である．

2.9　2.8と同様の考察により，答は$CH_3OCH_2CH_2CH_3$となる．

2.10　上記と同様にして，答は$CH_3CH_2OCH_2CH_2CH_2CH_3$となる．

第3章

問題3.1　省略
問題3.2　a)　プロピル　　b)　ブチル
問題3.3　省略

問題の略解

問題3.4　a)　2-メチルペンタン　　b)　3-メチルペンタン
　　　　　c)　3-メチルヘキサン　　d)　3-エチルヘキサン
問題3.5　a)　3,6-ジメチルオクタン　　b)　3,3-ジメチルヘプタン
問題3.6　4-エチル-3,3-ジメチルヘキサン
問題3.7　CH_3OH
問題3.8　a)　1-ブタノール　　b)　2-ペンタノール
問題3.9　a)　$CH_3CH(OH)CH_2CH_2CH_2CH_3$　　b)　$CH_3CH_2CH_2CH_2CH_2OH$
　　　　　c)　$CH_3CH_2CH_2CH(OH)CH_2CH_3$
問題3.10　$CH_3CH(OCH_3)CH_3$
問題3.11　メチル基を末端の炭素につけると，炭素原子がもう1個多い鎖になってしまうから．
問題3.12　炭素鎖が最も長くなるように並べかえると，すぐわかる．
問題3.13　これも，炭素鎖を並べかえてみるとわかる．
問題3.14　7種類．構造は次の通り．
　　　　　$CH_3CH_2CH_2CH_2OH$　　$(CH_3)_2CH_2CH_2OH$　　$CH_3CH_2CH(OH)CH_3$
　　　　　$(CH_3)_3COH$　　　　　　$CH_3OCH_2CH_2CH_3$　　$CH_3OCH(CH_3)_2$
　　　　　$CH_3CH_2OCH_2CH_3$

問題3.15　オクタンの分子量は114，メタンは16である．よって，1g当たりの燃焼熱は，オクタンでは48.0，メタンは55.6 kJである．よって，1g当たりでは，メタンを燃やしたときの発熱量の方が，オクタンの場合より大きい．

問題3.16　100 kJのエネルギーを発生するのに必要なモル数は，
　　　　　メタンの場合，　890.3 kJ : 100 kJ = 16 g : x g　　よって x = 1.8 g
　　　　　オクタンの場合，5470.1 : 100 = 114 : x　　　　よって x = 2.1 g
よって，同じエネルギーを得るためには，メタンに比べて，オクタンの方が多量に必要である．

章末問題

3.1　a)　オクタン　　　　　　　　　　b)　3-メチルヘキサン
　　　c)　4,4-ジメチルヘプタン　　　　d)　2,5-ジメチルヘプタン
　　　e)　1-ヘキサノール　　　　　　　f)　2-ヘプタノール
　　　g)　3-メチル-1-ペンタノール　　h)　1-メトキシペンタン
　　　i)　1-エトキシペンタン　　　　　j)　3-メトキシヘキサン

3.2　a)　$CH_3CH_2CH_2CH_3$　　ブタン
　　　　　$(CH_3)_3CH$　　2-メチルプロパン（メチルプロパン）
　　　b)　$CH_3CH_2CH_2CH_2CH_3$　　ペンタン
　　　　　$(CH_3)_2CHCH_2CH_3$　　2-メチルブタン（メチルブタン）
　　　　　$(CH_3)_4C$　　　　　2,2-ジメチルプロパン

問題の略解

3.3 CH₃CH₂CH₂OH　1-プロパノール
(CH₃)₂CHOH　2-プロパノール
CH₃OCH₂CH₃　メトキシエタン（エチルメチルエーテル）

3.4 CH₃CH₂CH₂CH₂CH₂CH₂OH　　1-ヘキサノール
CH₃CH₂CH₂CH₂CH(OH)CH₃　　2-ヘキサノール
CH₃CH₂CH(OH)CH₂CH₂CH₃　　3-ヘキサノール
(CH₃)₂CHCH₂CH₂CH₂OH　　4-メチル-1-ペンタノール
(CH₃)₂CHCH₂CH(OH)CH₃　　4-メチル-2-ペンタノール
(CH₃)₂CHCH(OH)CH₂CH₃　　4-メチル-3-ペンタノール
(CH₃)₂C(OH)CH₂CH₂CH₃　　2-メチル-2-ペンタノール
CH₃CH₂CH₂CH(CH₃)CH₂OH　　2-メチル-1-ペンタノール
(CH₃)₃CCH₂CH₂OH　　3,3-ジメチル-1-ブタノール
(CH₃)₃CCH(OH)CH₃　　3,3,3-トリメチル-2-ブタノール
CH₃CH₂C(CH₃)₂CH₂OH　　2,2-ジメチル-1-ブタノール
(CH₃)₂CHCH(CH₃)CH₂OH　　2,3-ジメチル-1-ブタノール
(CH₃)₂CHCH(CH₃)₂OH　　2,3-ジメチル-2-ブタノール

3.5 CH₃CH₂CH₂CH₂CH₂OCH₃　　1-メトキシペンタン
CH₃CH₂CH₂CH(OCH₃)CH₃　　2-メトキシペンタン
CH₃CH₂CH(OCH₃)CH₂CH₃　　3-メトキシペンタン
(CH₃)₂CHCH₂CH₂OCH₃　　1-メトキシ-3-メチルブタン
(CH₃)₂CHCH(OCH₃)CH₃　　2-メトキシ-3-メチルブタン
(CH₃)₂C(OCH₃)CH₂CH₃　　2-メトキシ-2-メチルブタン
CH₃OCH₂CH(CH₃)CH₂CH₃　　1-メトキシ-2-メチルブタン
(CH₃)₃CCH₂OCH₃　　1-メトキシ-2,2-ジメチルプロパン
CH₃CH₂CH₂CH₂OCH₂CH₃　　1-エトキシブタン
CH₃CH(OCH₂CH₃)CH₂CH₃　　2-エトキシブタン
(CH₃)₂CHCH₂OCH₂CH₃　　1-エトキシ-2-メチルプロパン
(CH₃)₃COCH₂CH₃　　2-エトキシ-2-メチルプロパン
CH₃CH₂CH₂OCH₂CH₂CH₃　　1-プロポキシプロパン
CH₃CH₂CH₂OCH(CH₃)　　2-プロポキシプロパン
(CH₃)₂CHOCH(CH₃)　　2-(1-メチルエチルオキシ)プロパン

3.6　$2\text{C}_2\text{H}_6 + 7\text{O}_2 \longrightarrow 4\text{CO}_2 + 6\text{H}_2\text{O}$

30 g 当たりの発熱量が 1560 kJ であるから，1 g 当たりは 52 kJ となる．これをメタンの発熱量 55.6 kJ/g およびオクタンの発熱量 48.0 kJ/g（問題 3.15 の解答参照）と比べれば，エタンの発熱量は，それらの中間にあることがわかる．

3.7 $CH_3CH_3 \xrightarrow{Cl_2} CH_3CH_2Cl + CH_3CHCl_2 + CH_3CCl_3 + ClCH_2CH_2Cl$
$+ ClCH_2CHCl_2 + Cl_2CHCHCl_2 + ClCH_2CCl_3$
$+ Cl_2CHCCl_3 + Cl_3CCCl_3$

第4章

問題4.1 □ + Cl_2 ⟶ □—Cl + HCl

問題4.2 a) 1-ペンテン b) 3-ヘキセン

問題4.3 a) 5-メチル-1-ヘキセン b) 4-メチル-3-ヘプテン
c) 3-メチル-1-ヘキセン d) 3,5-ジメチル-3-ヘキセン

問題4.4 どちらの分子式も C_5H_{12} である.

問題4.5

シクロヘキサン　メチルシクロペンタン　エチルシクロブタン　1,1-ジメチルシクロブタン

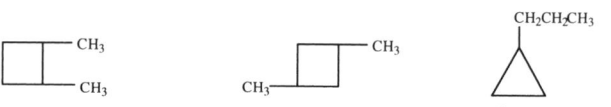

1,2-ジメチルシクロブタン　1,3-ジメチルシクロブタン　プロピルシクロプロパン

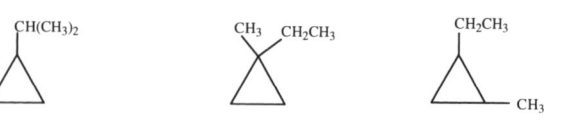

(1-メチルエチル)シクロプロパン　1-エチル-1-メチルシクロプロパン　1-エチル-2-メチルシクロプロパン

1,1,2-トリメチルシクロプロパン　　1,2,3-トリメチルシクロプロパン

問題4.6 $CH_3CH=CH_2 + Br_2 \longrightarrow CH_3CH(Br)CH_2Br$

問題4.7 $CH_2=CH_2 + XY \longrightarrow XCH_2CH_2Y$

問題4.8 a) 飽和 b) 不飽和 c) 不飽和 d) 飽和

問題4.9 a) $CH_3CH(Cl)CH_2Cl$ b) $CH_3CH(Br)CH(Br)CH_3$
c) $CH_3CH_2CH(Br)CH_2Br$ d) $CH_3CH_2CH_2CH_3$

問題4.10　$CH_3CH_2CH(OH)CH_3$

問題4.11　a)　プロピン　　b)　2-ブチン

問題4.12　省略

問題4.13　$HC{\equiv}CH + Cl_2 \longrightarrow ClCH{=}CHCl \xrightarrow{Cl_2} Cl_2CHCHCl_2$

問題4.14　$CH_3C{\equiv}CH + NaNH_2 \longrightarrow CH_3C{\equiv}CNa + NH_3$

章末問題

4.1

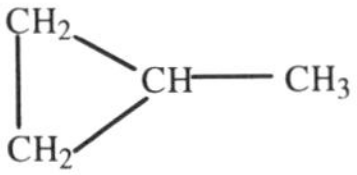

b)

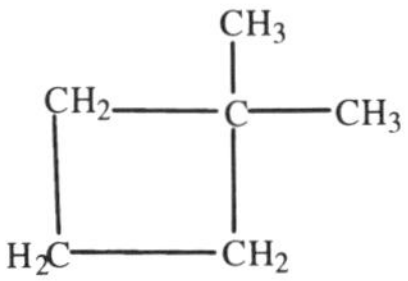

c)

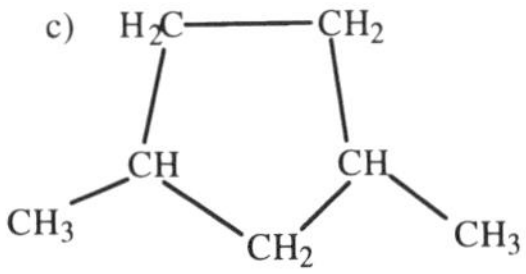

4.2

a)　$CH_3CH_2CH{=}CH_2$　$CH_3CH{=}CHCH_3$　$(CH_3)_2C{=}CH_2$

b)　$CH_2{=}C{=}CH_2$　$CH_3C{\equiv}CH$

4.3

a)

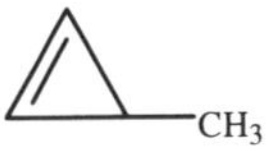

$CH_3CH_2C{\equiv}CH$　$CH_3C{\equiv}CCH_3$　$CH_2{=}C{=}CHCH_3$　$CH_2{=}CH{-}CH{=}CH_2$

b)

$CH_2{=}CH{-}C{\equiv}CH$　$CH_2{=}C{=}C{=}CH_2$

c)

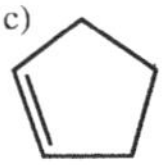

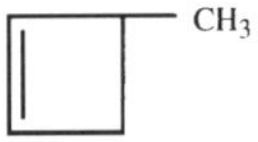

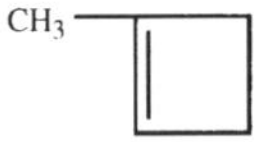

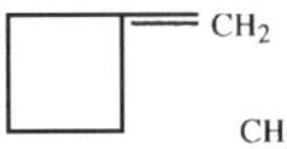

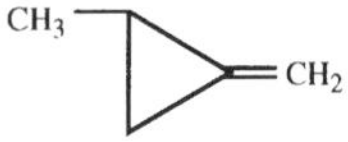

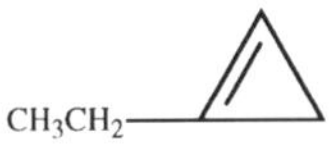

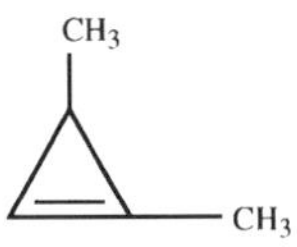

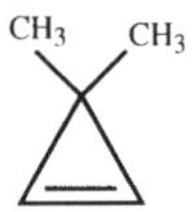

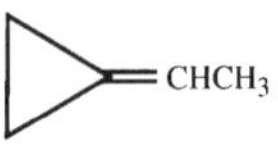

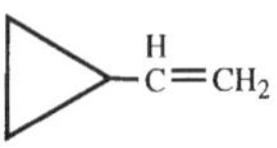

$CH_3CH_2CH_2C{\equiv}CH$　$CH_3CH_2C{\equiv}CCH_3$　$(CH_3)_2CHC{\equiv}CH$　$CH_3CH{=}CH{-}CH{=}CH_2$

$CH_2{=}CHCH_2CH{=}CH_2$　$CH_2{=}C{=}CHCH_2CH_3$　$CH_3CH{=}C{=}CHCH_3$　$CH_2{=}C(CH_3)CH{=}CH_2$

4.4 a) $CH_3CH(Cl)CH_2Cl$ b) $CH_3CH(Cl)CH(Cl)CH_3$
c) $(CH_3)_2C(Cl)CH_2Cl$

4.5 a) $CH_3CH_2C(Cl)(CH_3)_2$ b) $(CH_3)_3CBr$ c) $(CH_3)_3COH$

4.6 a) $CH_3CH=CH_2$ $CH_3CH_2CH_3$ $CH_3C(Br)=CHBr$ $CH_3C(Br)_2CH(Br)_2$
b) $CH_3CH=CHCH_3$ $CH_3CH_2CH_2CH_3$ $CH_3C(Br)=C(Br)CH_3$
$CH_3C(Br)_2C(Br)_2CH_3$

4.7 a) $CH_3CH_2C\equiv CH + NaNH_2 \longrightarrow CH_3CH_2C\equiv CNa + NH_3$

b) $HC\equiv CCH(CH_3)CH(CH_3)_2 + NaNH_2$
$\longrightarrow NaC\equiv CCH(CH_3)CH(CH_3)_2 + NH_3$

第5章

問題5.1 a) 1-ブロモプロパン   b) 2-ヨードブタン
c) 2,2-ジクロロブタン   d) 1,3-ジブロモプロパン

問題5.2 a) 1   b) 1

問題5.3 $CH_3CH_2OCH_2CH_3$

問題5.4 a) $CH_3CH_2CH_2OH$ b) $CH_3CH_2OCH_2CH_2CH_3$ c) $CH_3CH_2OCH_3$
d) $CH_3CH_2CH_2I$ e) $CH_3CH_2CH_2CH_2CN$

問題5.5 a) $CH_3CH=CH_2$ b) $CH_3CH(I)CH_3$

問題5.6 a) $CH_3CH_2CH=CHCH_3$ b) $CH_3CH=CHCH_3$
c) $CH_3CH=C(CH_3)_2$ d) $CH_3CH_2C(CH_3)=CHCH_3$
e) $(CH_3)_2C=C(CH_3)_2$ f) $CH_3CH_2C(CH_3)=C(CH_3)_2$

問題5.7 $CH_3CH(Br)CH_3 + Mg \longrightarrow CH_3CH(MgBr)CH_3$
$\xrightarrow{H_2O} CH_3CH_2CH_3$

問題5.8 $CH_3CH_2CH_2CH_2CH_2CH_3$

章末問題

5.1 a) $CH_3CH_2CH_2CH_2Br$ $CH_3CH_2CH(Br)CH_3$ $(CH_3)_2CHCH_2Br$
$(CH_3)_3CBr$

b) $ClCH_2CH_2CH_2Cl$ $Cl_2CHCH_2CH_3$ $ClCH_2CH(Cl)CH_3$
$CH_3C(Cl)_2CH_3$

c) $CH_3CH_2CH=CHCl$ $CH_3CH_2C(Cl)=CH_2$ $CH_3CH(Cl)CH=CH_2$
$ClCH_2CH_2CH=CH_2$ $CH_3CH=CHCH_2Cl$ $CH_3CH=C(Cl)CH_3$
$(CH_3)_2C=CHCl$ $ClCH_2C(CH_3)=CH_2$

d) $CH_3CH=CCl_2$ $CH_3C(Cl)=CHCl$ $ClCH_2CH=CHCl$
$ClH_2CC(Cl)=CH_2$ $Cl_2CHCH=CH_2$

5.2

a) CH₃CH=CHCl　CH₃C(Cl)=CH₂　ClCH₂CH=CH₂　(cyclopropane with Cl)

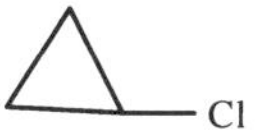

b) CH₃CH₂CH=CCl₂　CH₃CH₂C(Cl)=CHCl　CH₃CH(Cl)CH=CHCl

ClCH₂CH₂CH=CHCl　CH₃CH(Cl)C(Cl)=CH₂　ClCH₂CH₂C(Cl)=CH₂

CH₃C(Cl)₂CH=CH₂　ClCH₂CH(Cl)CH=CH₂　Cl₂CHCH₂CH=CH₂

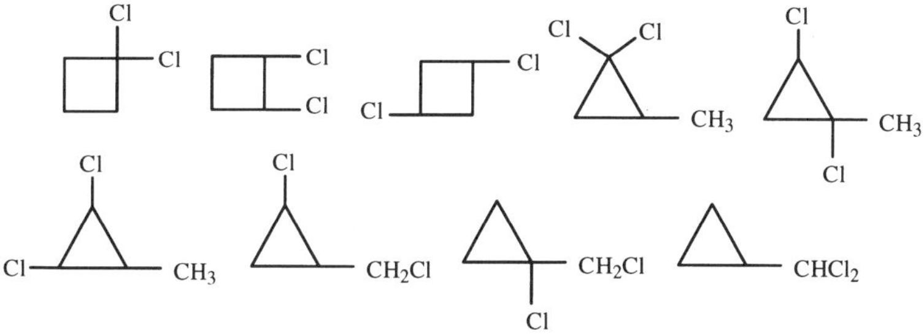

(various chloro-substituted cyclobutane and cyclopropane structures shown)

5.3
a) CH₃CH₂CH₂CH₂OH　　b) CH₃CH₂CH₂OCH₂CH₂CH₃
c) CH₃CH(I)CH₃　　d) CH₃CH=CH₂　　e) (CH₃)₂C=CH₂
f) (CH₃)₂C=CHCH₃　　g) CH₃CH=CHCH₃

5.4
a) 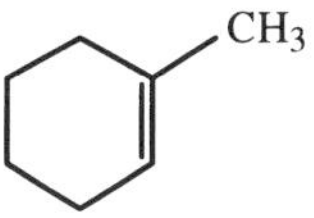 1-methylcyclohexene
b) 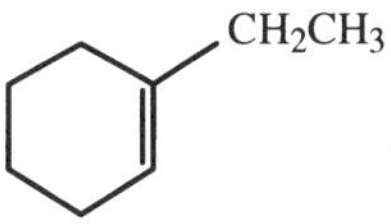 1-ethylcyclohexene および methylenecyclohexane (=CHCH₃)

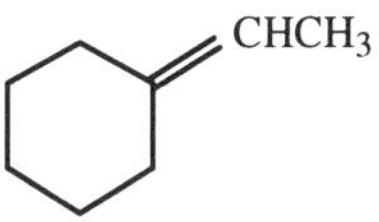

5.5
a)
$$CH_3CH_2CH_2CH_2I + Mg \longrightarrow CH_3CH_2CH_2CH_2MgI$$
$$\xrightarrow{H_2O} CH_3CH_2CH_2CH_3$$

b)
$$CH_3CH_2CH_2Br + Mg \longrightarrow CH_3CH_2CH_2MgI$$
$$\xrightarrow{H_2O} CH_3CH_2CH_3$$

5.6 a) CH₃CH₂CH₂CH₃　　b) CH₃CH₂CH₂CH₂CH₂CH₂CH₂CH₃

第6章

問題6.1　-CHOは1価の基であるが，鎖の途中に入れるには2価でなければならないから，不可能である．

問題 6.2　a)　プロパナール　b)　ブタナール　c)　ペンタナール
問題 6.3　$Cl_3CCH(OH)_2$
問題 6.4　$CH_3CH_2CH(OH)CN$
問題 6.5　$CH_3CH_2CH_2CH(Cl)OH$
問題 6.6　$CH_3CHO + CH_3CH_2OH \rightleftharpoons CH_3CH(OH)OCH_2CH_3$
　　　　　$CH_3CH(OH)OCH_2CH_3 + CH_3CH_2OH$
　　　　　$\rightleftharpoons CH_3CH(OCH_2CH_3)_2 + H_2O$
問題 6.7　a)　$CH_3CH_2CH_2OH$　b)　$CH_3CH(OH)CH_2CH_3$
　　　　　c)　$CH_3CH_2CH_2OH$　d)　$CH_3CH_2CH(OH)CH_2CH_3$
問題 6.8
a)　$CH_3CH_2Br\ Mg \longrightarrow CH_3CH_2MgBr \xrightarrow{CH_2O} CH_3CH_2CH_2OMgBr$
　　$\xrightarrow{HCl} CH_3CH_2CH_2OH$

b)　$CH_3I + Mg \longrightarrow CH_3MgI \xrightarrow{CH_3COCH_3} (CH_3)_3COMgI$
　　$\xrightarrow{HCl} (CH_3)_3COH$

問題 6.9　$CH_3CH_2CH_2CHO$　または　$(CH_3)_2CHCHO$
問題 6.10
a)　$CH_3COCH_3 \xrightarrow{\text{エノール化}} CH_3C(OH)=CH_2$
　　$\xrightarrow{\text{塩素付加}} CH_3C(OH)(Cl)CH_2Cl \xrightarrow{\text{加水分解}}$
　　$CH_3C(OH)_2CH_3 \xrightarrow{\text{脱水}} CH_3COCH_2Cl$

b)　$CH_3CH_2COCH_2CH_3 \xrightarrow{\text{エノール化}} CH_3CH_2C(OH)=CHCH_3$
　　$\xrightarrow{\text{臭素付加}} CH_3CH_2CH(OH)(Br)CH(Br)CH_3 \xrightarrow{\text{加水分解}}$
　　$CH_3CH_2C(OH)_2CHBrCH_3 \xrightarrow{\text{脱水}} CH_3CH_2COCHBrCH_3$

問題 6.11　a)　ROR′　b)　RCHO

章末問題

6.1　$CH_3CH_2CH_2CH_2CHO$　$(CH_3)_2CHCH_2CHO$　$CH_3CH_2CH(CH_3)CHO$　$(CH_3)_3CCHO$
　　　　$CH_3COCH_2CH_2CH_3$　$CH_3CH_2COCH_2CH_3$　$CH_3COCH(CH_3)_2$

6.2　a)　$CH_3CH(OH)Br$　　不安定
　　　　b)　$CH_3CH(OCH_3)_2$　　安定
　　　　c)　$CH_3CH_2CH(OH)CN$　安定

6.3　a)　CH_3CH_2OH
　　　　b)　$(CH_3)_2CHCH_2OH$
　　　　c)　$CH_2CH_2CH(OH)CH(CH_3)_2$

問題の略解

d) $(CH_3)_2CHCH(OH)CH(CH_3)_2$
e) $(CH_3CH_2)_2C(CH_3)OH$
f) $(CH_3CH_2)_3COH$

6.4 a) $(CH_3)_2CHCH_2CH(OH)CH(CHO)CH(CH_3)_2$
b) $CH_3CH_2CH_2CH_2CH(OH)CH(CHO)CH_2CH_2CH_3$
c) $CH_3CH_2CH_2CH(OH)CH(CHO)CH_2CH_3$
d) $C_2H_5C(CH_3)_2CH_2OH$ と $C_2H_5C(CH_3)_2COOH$

6.5 a) $ClCH_2CHO$ b) Cl_2CHCHO c) Cl_3CCHO
d) $CH_3CH(Cl)CHO$ e) $CH_3C(Cl)_2CHO$

6.6 a) 行う b) 行わない c) 行う d) 行う e) 行わない
f) 行う

6.7 a) $RCH=CH_2$ b) $RCH=CHR'$ c) RCH_2OH d) $RMgX$

6.8 $CH_3CH_2CH_2CH_2CHO$ $(CH_3)_2CHCH_2CHO$ $CH_3CH_2CH(CH_3)CHO$
$(CH_3)_3CCHO$

6.9 $CH_3CH_2CH_2CH(OCH_2CH_3)_2$

第7章

問題7.1 $CH_3CH_2NH_2$ $(CH_3)_2NH$

問題7.2 a) $(CH_3CH_2)_3N$ b) $CH_3CH_2NHCH_3$

問題7.3 $(CH_3)_2NH + H^+ \longrightarrow (CH_3)_2NH_2^+$

問題7.4 a) $CH_3NH_2 + CH_3CH_2I \longrightarrow CH_3NHCH_2CH_3$
b) $CH_3CH_2NH_2 + CH_3CH_2I \longrightarrow (CH_3CH_2)_2NH$
c) $2\,CH_3CH_2CH_2Br + NH_3 \longrightarrow (CH_3CH_2CH_2)_2NH$
d) $(CH_3CH_2CH_2)_2NH + CH_3CH_2I \longrightarrow (CH_3CH_2CH_2)_2NCH_2CH_3$

章末問題

7.1 $CH_3CH_2CH_2NH_2$ $(CH_3)_2CHNH_2$ $CH_3CH_2NHCH_3$ $(CH_3)_3N$

7.2 a) エチルメチルプロピルアミン b) ブチルエチルメチルアミン
c) エチルプロピルアミン
d) t-ブチルアミン または 1,1-ジメチルエチルアミン

7.3 a) $(CH_3)_2NH$ と CH_3I b) $(CH_3)_2CHNH_2$ と CH_3CH_2I
c) $(CH_3CH_2)_2NH$ と CH_3I d) $CH_3CH_2CH_2NH_2$ と CH_3I

7.4 a) $CH_3CHO + CH_3CH_2NH_2 \longrightarrow CH_3CH=NCH_2CH_3$
b) $(CH_3)_2CHCHO + CH_3NH_2 \longrightarrow (CH_3)_2CHCH=NCH_3$

7.5
a) $CH_3H_2COCH_3 + NH_2OH \longrightarrow CH_3CH_2C(CH_3)=NOH$
$\xrightarrow{H_2, Pt} CH_3CH_2CH(NH_2)CH_3$

b) $CH_3CH_2CH_2CHO + NH_2OH \longrightarrow CH_3CH_2CH_2CH=NOH$
$\xrightarrow{H_2, Pt} CH_3CH_2CH_2CH_2NH_2$

c) $(CH_3CH_2)_2C=O + NH_2OH \longrightarrow (CH_3CH_2)_2C=NOH$
$\xrightarrow{H_2, Pt} (CH_3CH_2)_2CHNH_2$

d) シクロヘキサノン $=O + NH_2OH \longrightarrow$ シクロヘキサノン$=NOH$
$\xrightarrow{H_2, Pt}$ シクロヘキシル$-NH_2$

7.6 $(CH_3)_3N + H_2O \rightleftharpoons (CH_3)_3NH^+ + OH^-$

7.7 $RNH_2 \quad RR'NH \quad RR'R''N$

7.8 $CH_3CH=CHCH_3 \quad CH_3CH_2CH=CH_2 \quad CH_3CH_2CH(OH)CH_3$

7.9 $CH_3CH_2N(CH_3)_2$

第8章

問題8.1 $CH_3CH_2I + Mg \longrightarrow CH_3CH_2MgI \xrightarrow{CO_2} CH_3CH_2COOMgI$
$\xrightarrow{HCl} CH_3CH_2COOH$

問題8.2 $CH_3COOH \rightleftharpoons CH_3COO^- + H^+$

問題8.3 $CH_3CH_2CH_2COCl$ 塩化ブタノイル

問題8.4 $CH_3CH_2COOH + CH_3OH \xrightarrow{H_2SO_4} CH_3CH_2COOCH_3 + H_2O$
プロパン酸メチル

問題8.5 $CH_3CONHCH_3$ N-メチルエタンアミド

問題8.6 反応物質として，水を大量に加える．または，生成するアルコールの沸点が低ければ，アルコールの沸点よりも高い温度で反応させてアルコールを除去する．アルカリを用いて加水分解するのもよい．

問題8.7 $HCOOCH_3 + CH_3CH_2MgBr \longrightarrow CH_3CH_2CH(OMgBr)(OCH_3)$
$\longrightarrow CH_3CH_2CHO \xrightarrow{CH_3CH_2MgBr} (CH_3CH_2)_2CHOMgBr$
$\xrightarrow{HCl} (CH_3CH_2)_2CHOH$

問題の略解

問題8.8 簡単のために，$LiAlH_4$の水素原子1個だけが用いられる式にとどめる．この場合には，LiHの付加がカルボニル基に起こる．

$$CH_3CH_2COOCH_2CH_3 + LiAlH_4 \longrightarrow CH_3CH_2CH(OLi)(OCH_2CH_3)$$

$$\xrightarrow{-LiOCH_2CH_3} CH_3CH_2CHO \xrightarrow{LiAlH_4} CH_3CH_2CH_2OLi$$

$$\xrightarrow{HCl} CH_3CH_2CH_2OH$$

問題8.9 $CH_3CONHCH_2CH_3 + NaOH$
$\longrightarrow CH_3COONa + CH_3CH_2NH_2$

問題8.10

```
      H
      |
  H — C — C≡N
      |
      H
```

問題8.11

```
      H   H   H   H
      |   |   |   |
  H — C — C — C — C — H
      |   |   |   |
      H   H   C   H
              ‖‖‖
              N
```

問題8.12 $CH_3CN + CH_3CH_2OH + H_2O + HCl \longrightarrow CH_3COOCH_2CH_3 + NH_4Cl$

問題8.13 $CH_3CH_2CH_2COOCOCH_2CH_2CH_3 + H_2O \longrightarrow 2\, CH_3CH_2CH_2COOH$

問題8.14 $CH_3COOCH_2CH_3$

問題8.15 酸塩化物より反応性が小さく，酸無水物より大きい．

問題8.16 $CH_3CH_2COOH + Br_2 \xrightarrow{P} \xrightarrow{H_2O} CH_3CH(Br)COOH$

問題8.17 エステルカルボニルのα位にあるH-Cが，もう1分子のカルボニル基に付加する反応．

章末問題

8.1 a) アルデヒドの酸化　b) グリニャール試薬と二酸化炭素の反応
c) ニトリルを含む酸誘導体の加水分解

8.2 a) 酸化する　b) 酸化する
c) グリニャール試薬にしてから二酸化炭素と反応させ，酸性にする．
d) ヨウ化水素との反応でヨードエタンとしてから，シアン化ナトリウムとの反応でCH_3CH_2CNとする．ついで，酸性で加水分解する．

8.3 a) CH_3CH_2COOH CH_3COOCH_3 $HCOOCH_2CH_3$

b) $CH_3CH_2CH_2COOH$ $(CH_3)_2CHCOOH$ $CH_3CH_2COOCH_3$
$CH_3COOCH_2CH_3$ $HCOOCH_2CH_2CH_3$ $HCOOCH(CH_3)_2$

c) $CH_3CH_2CH_2CH_2COOH$ $CH_3CH_2CH(CH_3)COOH$ $(CH_3)_2CHCH_2COOH$
$(CH_3)_3CCOOH$ $CH_3CH_2CH_2COOCH_3$ $(CH_3)_2CHCOOCH_3$
$CH_3CH_2COOCH_2CH_3$ $CH_3COOCH_2CH_2CH_3$ $CH_3COOCH(CH_3)_2$
$HCOOCH_2CH_2CH_2CH_3$ $HCOOCH_2CH(CH_3)_2$ $HCOOCH(CH_3)CH_2CH_3$
$HCOOC(CH_3)_3$

8.4 a) $CH_3CH_2COOH + SOCl_2 \longrightarrow CH_3CH_2COCl$

b) $CH_3CH_2COOH + CH_3OH \xrightarrow{H_2SO_4} CH_3CH_2COOCH_3$

c) $CH_3CH_2COOCH_3 + LiAlH_4 \longrightarrow \xrightarrow{HCl} CH_3CH_2CH_2OH + CH_3OH$

d) $CH_3CH_2COOCH_2CH_3 + 2\,CH_3MgBr \longrightarrow \xrightarrow{HCl} CH_3CH_2C(CH_3)_2OH$

e) $CH_3CH_2COOH + NH_3 \xrightarrow{加熱} \xrightarrow{P_2O_5} CH_3CH_2CN$

8.5 a) $CH_3CH_2CHO \xrightarrow{CrO_3,\,H_2SO_4} CH_3CH_2COOH \xrightarrow[H_2SO_4]{CH_3OH} CH_3CH_2COOCH_3$

b) $CH_3CH_2OH \xrightarrow{HI} CH_3CH_2I \xrightarrow{NaCN} CH_3CH_2CN$
$\xrightarrow[H_2O,\,HCl]{CH_3CH_2OH} CH_3CH_2COOCH_2CH_3$

c) $CH_3CH_2I \xrightarrow{Mg} CH_3CH_2MgI \xrightarrow{CO_2} CH_3CH_2COOMgI \xrightarrow{HCl}$
$CH_3CH_2COOH \xrightarrow{NH_3} CH_3CH_2COONH_4 \xrightarrow{加熱} CH_3CH_2CONH_2$

d) $CH_3CH_2CH_2OH \xrightarrow{HI} CH_3CH_2CH_2I \xrightarrow{NaCN} CH_3CH_2CH_2CN$

e) $CH_3CH_2OH \xrightarrow{HI} CH_3CH_2I \xrightarrow{NaCN} CH_3CH_2CN \xrightarrow[H_2SO_4]{H_2O}$
CH_3CH_2COOH

8.6 $CH_3CH_2CH_2COCH(CH_2CH_3)COOCH_2CH_3$

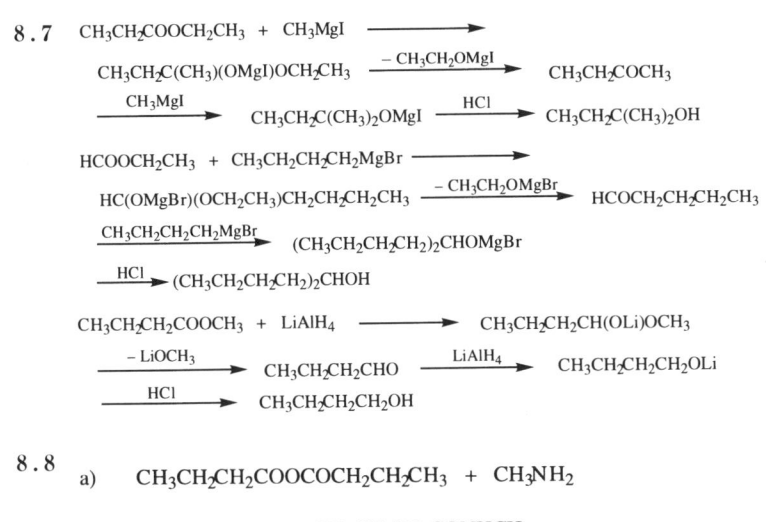

8.7 $CH_3CH_2COOCH_2CH_3 + CH_3MgI \longrightarrow$

　　　　$CH_3CH_2C(CH_3)(OMgI)OCH_2CH_3 \xrightarrow{-CH_3CH_2OMgI} CH_3CH_2COCH_3$

　　　　$\xrightarrow{CH_3MgI} CH_3CH_2C(CH_3)_2OMgI \xrightarrow{HCl} CH_3CH_2C(CH_3)_2OH$

　　　　$HCOOCH_2CH_3 + CH_3CH_2CH_2CH_2MgBr \longrightarrow$

　　　　$HC(OMgBr)(OCH_2CH_3)CH_2CH_2CH_2CH_3 \xrightarrow{-CH_3CH_2OMgBr} HCOCH_2CH_2CH_2CH_3$

　　　　$\xrightarrow{CH_3CH_2CH_2CH_2MgBr} (CH_3CH_2CH_2CH_2)_2CHOMgBr$

　　　　$\xrightarrow{HCl} (CH_3CH_2CH_2CH_2)_2CHOH$

　　　　$CH_3CH_2CH_2COOCH_3 + LiAlH_4 \longrightarrow CH_3CH_2CH_2CH(OLi)OCH_3$

　　　　$\xrightarrow{-LiOCH_3} CH_3CH_2CH_2CHO \xrightarrow{LiAlH_4} CH_3CH_2CH_2CH_2OLi$

　　　　$\xrightarrow{HCl} CH_3CH_2CH_2CH_2OH$

8.8 a)　$CH_3CH_2CH_2COOCOCH_2CH_2CH_3 + CH_3NH_2$

　　　　　$\longrightarrow CH_3CH_2CH_2CONHCH_3$

　　　b)　$CH_3COCl + CH_3CH_2OH \longrightarrow CH_3COOCH_2CH_3$

　　　c)　$CH_3COCl + CH_3CH_2NH_2 \longrightarrow CH_3CONHCH_2CH_3$

第9章

問題9.1

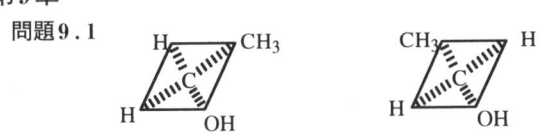

問題9.2 2つの置換基が同じ化合物の例として，CH_3CH_2Clをとって，正四面体状炭素置換基をつけてみると例えば次のようになる．

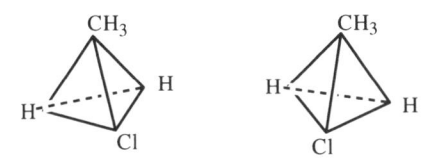

これだけの図をみると，平面鏡に映した実体と鏡像のようにみえるのだが，例えば，左側の構造を，CH_3とClをつなぐ辺が紙の上に上下になるように置くと，次ページ左に書いた図が得られる．同じように右側の構造について書き直すと，今度は右側のものが得られる．この結果は，これら2つの構造が結局，同じものであることを示している．よって，CH_3CH_2Clの分子には，異性体は存在しない．

問題 9.3 これまでのやり方を踏襲して、置換基に番号をつけると、その順序に回る向きは、下の図のように左回りである。よって、これは S である。

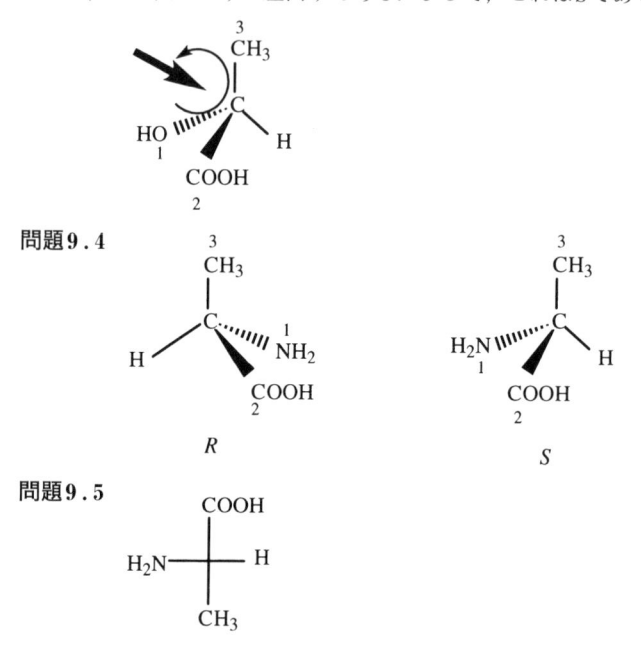

問題 9.4

R   S

問題 9.5

絶対配置は S.

問題 9.6 115ページであげた乳酸の例をとると、最初の乳酸の立体構造式の置換基を1対入れかえると次の構造が得られるが、その四面体を COOH と CH₃ をつなぐ辺が紙の上に上下になるように置くと、3番目の式が得られる。これと1番目の式を比べると、これらは互いに実体と鏡像の関係にある。

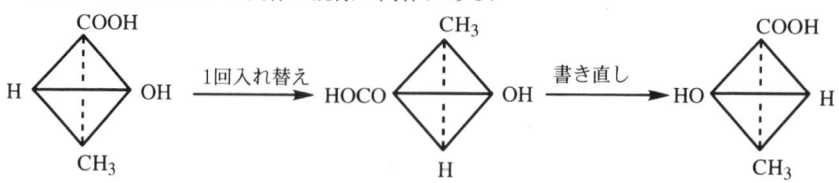

問題 9.7 RR の例についてのみ述べる。ほかの例は、これにならって、各自やっ

てほしい．

　フィッシャーの投影式で，上の方にある炭素についてまず述べると，この不斉炭素原子には，アミノ基，カルボキシル基，水素，$-CH(OH)CH_3$ の4種類の基がある．最後に書いた基は複雑なので R で表すことにする．すると，フィッシャーの投影式から，次の図の上に書いた四面体式が得られる．これをみやすいように書き直すと，2番目の四面体式が得られる．これらの基の順番は右に書いた通りであるから，この立体配置は R である．

　2番目の不斉炭素原子についても，同様にして，2段目の四面体式が書ける．ただし R' は $-CH(NH_2)COOH$ を表す．すると，この式は R の立体配置を表している．

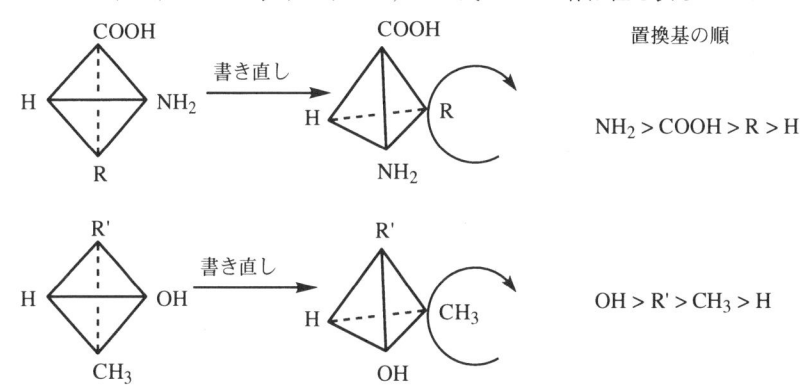

置換基の順

$NH_2 > COOH > R > H$

$OH > R' > CH_3 > H$

問題9.8 2-ブテンに臭素が付加した化合物の平面的な構造は $CH_3CH(Br)CH(Br)CH_3$ である．これは，キラル中心が2つあって，上下対称になっている例である．よって，この化合物にはメソ形と RR 形および SS 形がある．

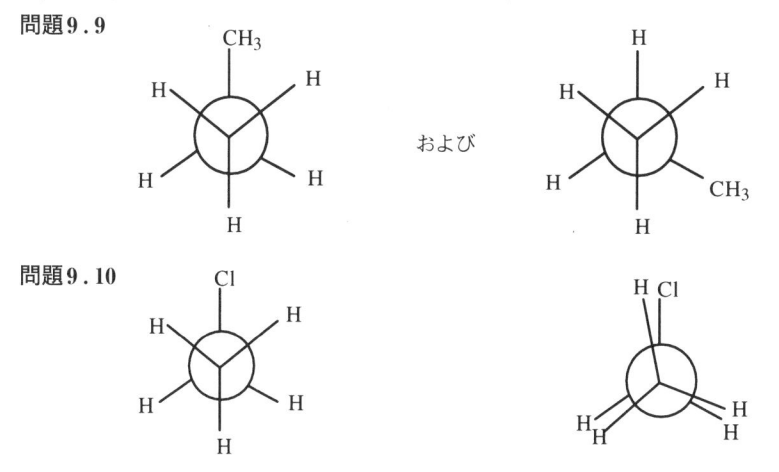

問題9.9

および

問題9.10

問題 9.11

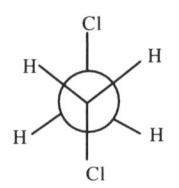

問題 9.12 下の図で C_6-C_1 および C_4-C_3 に関する投影は比較的容易であろう．ここでは，C_5-C_6 および C_4-C_3 に関する投影を下に示す．このように，いす形では，すべてねじれ形の配座になっている．

C_5-C_6 の投影　　　C_4-C_5 の投影

問題 9.13 C_2-C_3 および C_6-C_5 軸に関してである．それらの軸についてのニューマン投影を書くと，次のようになる．

問題 9.14 2対の電子間の反発が最も小さくなるのは，それらが180°の方向に配置されたときである．よって，エチンは直線分子となる．

問題 9.15 メチル置換基がついている2つの炭素原子の真中を通り，3員環に直交し，かつ C_3 を含む面．

問題 9.16 環の反転に関係なく，一方のメチル基は上，もう一方は下になっている．

問題9.17 それぞれ，メチルと水素・炭素を含み，環に直交する面．

章末問題

9.1 a) $(CH_3)_2CH$ b) $CH_3CH_2CH(CH_3)CH_2CH_3$
c) $CH_3CH_2\overset{*}{C}H(CH_3)CH_2CH_2CH_3$ d) $CH_3\overset{*}{C}H(OH)CH_2CH_3$
e) $CH_3CH_2\overset{*}{C}H(Cl)COOH$ f) $CH_3CH_2CH(Cl)CH_2CH_3$

9.2 a) R b) R c) R

9.3

a), b), 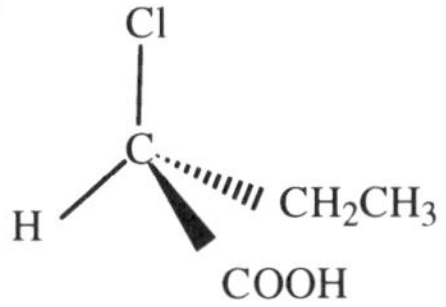 c), 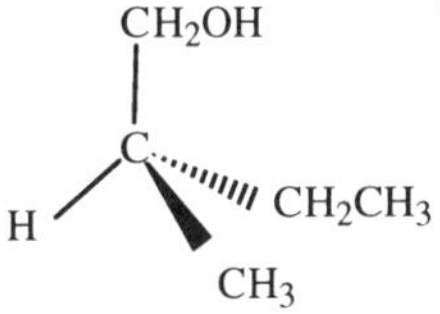 d) 立体配置図

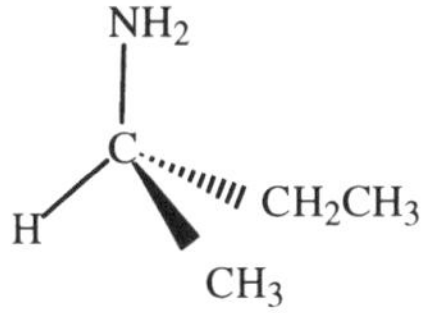

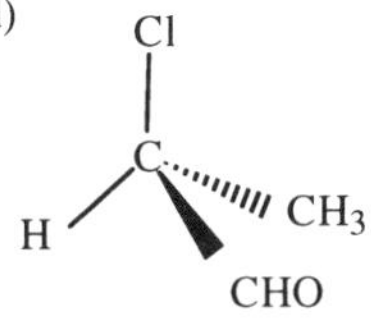

9.4 a) R b) R c) R

9.5 上の炭素から順に， a) RS b) RR

9.6

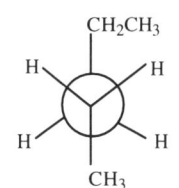

（ニューマン投影図） ap, 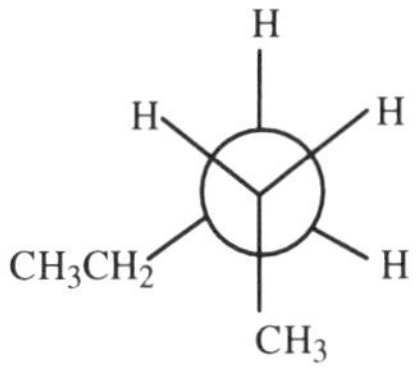 $+sc$, 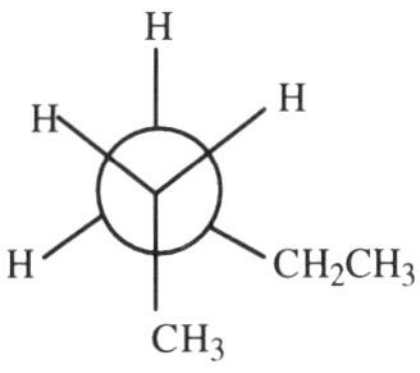 $-sc$

9.7 a) ap b) $+sc$ c) $-sc$ d) ap

9.8 a), b) 構造式

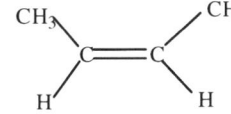

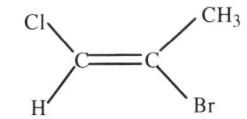

9.9 a) E b) E c) Z d) E e) E f) Z

9.10 a) cis および trans, trans にはエナンチオマー, RR および SS
b) エナンチオマー, R および S

第10章

問題10.1 教科書に取り上げていないものとして，

$CH_2=C=CHCH=C=CH_2$ $CH_2=C=C=C=CHCH_3$ $HC\equiv CCH(CH_3)C\equiv CH$

$HC\equiv CC(=CH_2)CH=CH_2$ $HC\equiv CC\equiv CCH_2CH_3$

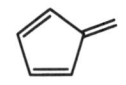

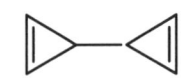

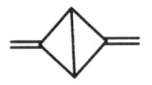

などのほか136ページ上段の化合物もある．このほかにも，まだいくつか書ける．試してみよ．

問題10.2 CH$_3$—C$_6$H$_4$—CH$_3$ (p-キシレン)

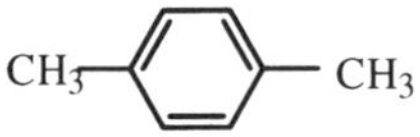

問題10.3 ベンゼン + Cl$_2$ —Fe→ クロロベンゼン

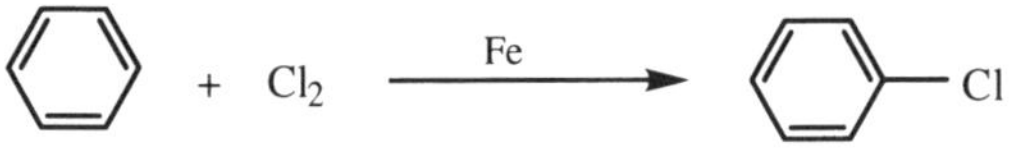

問題10.4 ベンゼン + CH$_3$CH$_2$COCl —AlCl$_3$→ C$_6$H$_5$COCH$_2$CH$_3$

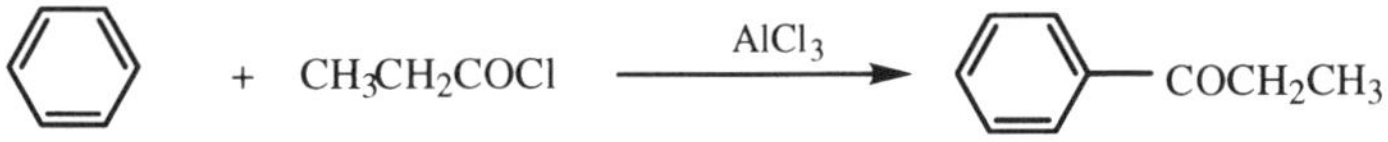

問題10.5 ベンゼン + Br$^+$ → アレニウムイオン中間体 (H, Br 付加)

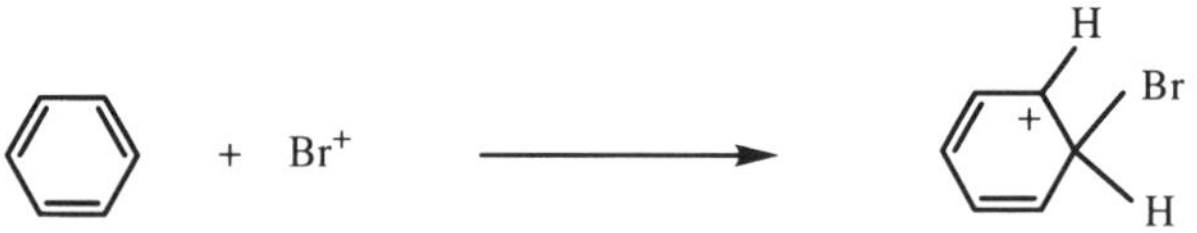

問題10.6 H, OSO$_3$D / H, D 付加体

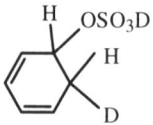

問題10.7 HOCO—C$_6$H$_4$—COOH   Cl—C$_6$H$_4$—COOH

問題10.8 *trans*-2-ブテンの方が安定．

問題10.9 共鳴構造（アレニウムイオンの3つの共鳴寄与構造）

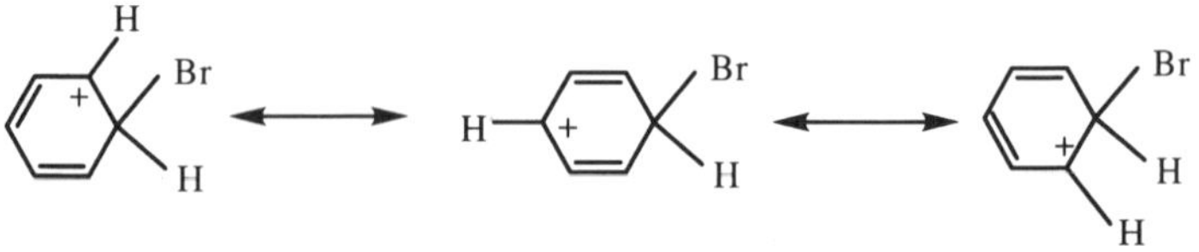

章末問題

10.1 a) 1,2-ジクロロベンゼン（o-ジクロロベンゼン）
b) 3-クロロ-1-メチルベンゼン（m-クロロトルエン）
c) 1-ブロモ-4-クロロベンゼン（p-ブロモクロロベンゼン）または4-クロロブロモベンゼン
d) 1,3,5-トリメチルベンゼン

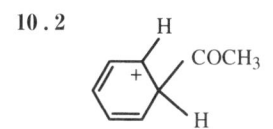

10.2

（ベンゼン環にCOCH₃とHが結合したカチオン中間体の構造式）

10.3 介在する陽イオンはSO_3H^+.

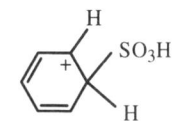

（ベンゼン環にSO_3HとHが結合したカチオン中間体の構造式）

10.4 トランス形. 一般に，シス形アルケンはトランス形より不安定である. 安定性の差が2-ブテンの場合より大きくなっているのは，シス位にあるアルキル基が大きくなり，立体障害も大きいからである.

10.5 ベンゼンの水素化熱は208 kJ/mol，炭素-炭素二重結合のそれは約120 kJ/molであるから，これらの和，すなわち，約330 kJ/molが期待値である. 実験値は320 kJ/molとなっている. これは，多分共役の効果も含まれていると思われるが，比較的よい予想ができることがわかるであろう.

10.6

（ナフタレンの共鳴構造3つ）

10.7

（ベンゼン環にNO_2が結合したカチオン中間体の共鳴構造3つ）

第11章

問題11.1 2-フェニルブタン

問題11.2 オルト・パラ配向性. メチル基はベンゼン環に置換基がないときより反応性を高めているから.

問題11.3 a) 3-メチルアミノベンゼン（m-メチルアニリン）

b) 3-ニトロヒドロキシベンゼン（m-ニトロフェノール）
c) 2-メチルクロロベンゼン（o-クロロトルエン）
d) 2-ヒドロキシホルミルベンゼン（o-ヒドロキシベンズアルデヒド）
e) 4-ブロモアセチルベンゼン（p-ブロモアセトフェノン）
f) 3-カルボキシアミノベンゼン（m-アミノ安息香酸またはm-カルボキシアニリン）
g) 4-ニトロシアノベンゼン（p-ニトロベンゾニトリル）
h) 1,3-ジニトロベンゼン（m-ジニトロベンゼン）

問題11.4

$CH_3-C_6H_5 + Cl_2 \xrightarrow{Fe} CH_3-C_6H_4-Cl$

問題11.5

$C_6H_5-COOH + CH_3OH \xrightarrow{H_2SO_4} C_6H_5-COOCH_3$

問題11.6

フェノール $-OH + 3\,Cl_2 \longrightarrow$ 2,4,6-トリクロロフェノール　酸性は強くなる

問題11.7

$C_6H_5-ONa + CH_3CH_2I \longrightarrow C_6H_5-OCH_2CH_3$

問題11.8

アニリン $\xrightarrow{(CH_3CO)_2O}$ アセトアニリド $\xrightarrow{Cl_2}$ p-クロロアセトアニリド $\xrightarrow{H_2O(HCl)}$ p-クロロアニリン

問題11.9

$CH_3CONH-C_6H_4-OH + Br_2 \longrightarrow CH_3CONH-C_6H_3(Br)-OH$

章末問題

11.1

a) C$_6$H$_6$ $\xrightarrow{\text{HNO}_3, \text{H}_2\text{SO}_4}$ C$_6$H$_5$–NO$_2$ $\xrightarrow{\text{Fe, HCl}}$ C$_6$H$_5$–NH$_2$

b) C$_6$H$_6$ $\xrightarrow{\text{Br}_2, \text{Fe}}$ C$_6$H$_5$–Br $\xrightarrow[\text{2. CO}_2]{\text{1. Mg}}$ $\xrightarrow{\text{3. HCl}}$ C$_6$H$_5$–COOH

c) C$_6$H$_6$ $\xrightarrow{\text{Br}_2, \text{Fe}}$ C$_6$H$_5$–Br $\xrightarrow[\text{2. CH}_2\text{O}]{\text{1. Mg}}$ C$_6$H$_5$–CH$_2$OH $\xrightarrow{\text{CrO}_3}$ C$_6$H$_5$–CHO

d) C$_6$H$_6$ $\xrightarrow{\text{H}_2\text{SO}_4(\text{SO}_3)}$ C$_6$H$_5$–SO$_3$H $\xrightarrow[\text{2. HCl}]{\text{1. KOH, 200 °C}}$ C$_6$H$_5$–OH

11.2

a) CH$_3$–C$_6$H$_5$ $\xrightarrow{\text{HNO}_3, \text{H}_2\text{SO}_4}$ CH$_3$–C$_6$H$_4$–NO$_2$ (para) $\xrightarrow{\text{Fe, HCl}}$ CH$_3$–C$_6$H$_4$–NH$_2$ (para)

b) CH$_3$–C$_6$H$_5$ $\xrightarrow{\text{CH}_3\text{COCl}, \text{AlCl}_3}$ CH$_3$–C$_6$H$_4$–COCH$_3$ (para) $\xrightarrow{\text{Br}_2 / \text{NaOH}}$ CH$_3$–C$_6$H$_4$–COOH (para)

c) C$_6$H$_6$ $\xrightarrow{\text{Br}_2, \text{Fe}}$ C$_6$H$_5$–Br $\xrightarrow{\text{HNO}_3, \text{H}_2\text{SO}_4}$ Br–C$_6$H$_4$–NO$_2$ (para)

d) C$_6$H$_6$ $\xrightarrow{\text{CH}_3\text{CH}_2\text{COCl, AlCl}_3}$ C$_6$H$_5$–COCH$_2$CH$_3$ $\xrightarrow{\text{HNO}_3, \text{H}_2\text{SO}_4}$ 3-O$_2$N–C$_6$H$_4$–COCH$_2$CH$_3$ (meta)

11.3

a) 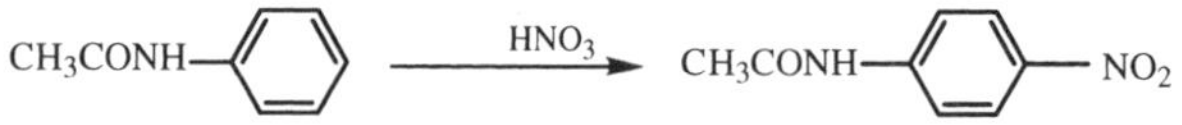 CH₃CONH–C₆H₅ →(HNO₃)→ CH₃CONH–C₆H₄–NO₂   温和な条件

b) 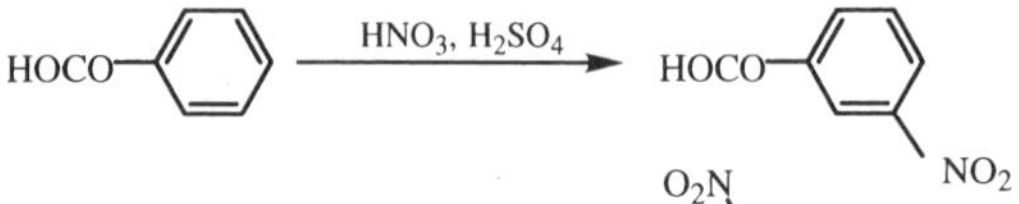 HOCO–C₆H₅ →(HNO₃, H₂SO₄)→ HOCO–C₆H₄–NO₂ (m-)   激しい条件

c) 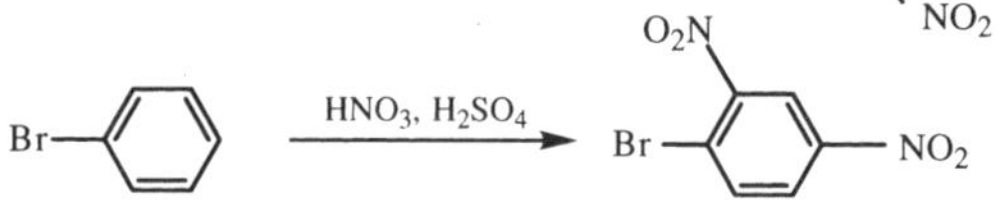 Br–C₆H₅ →(HNO₃, H₂SO₄)→ Br–C₆H₃(NO₂)(NO₂) (2,4-)   2個めのニトロ化が激しい条件必要

d) 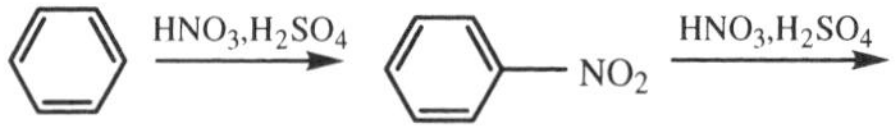 C₆H₆ →(HNO₃, H₂SO₄)→ C₆H₅–NO₂ →(HNO₃, H₂SO₄)→ m-O₂N–C₆H₄–NO₂   2個めのニトロ化が激しい条件必要

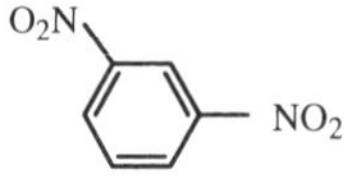

11.4

a) 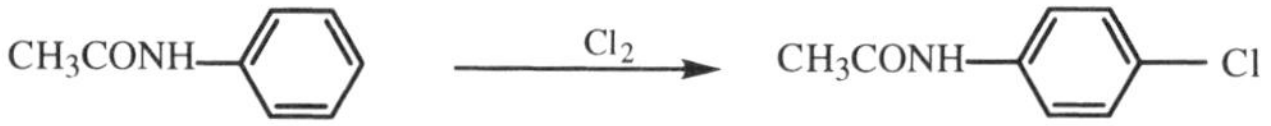 CH₃CONH–C₆H₅ →(Cl₂)→ CH₃CONH–C₆H₄–Cl (p-)

b) 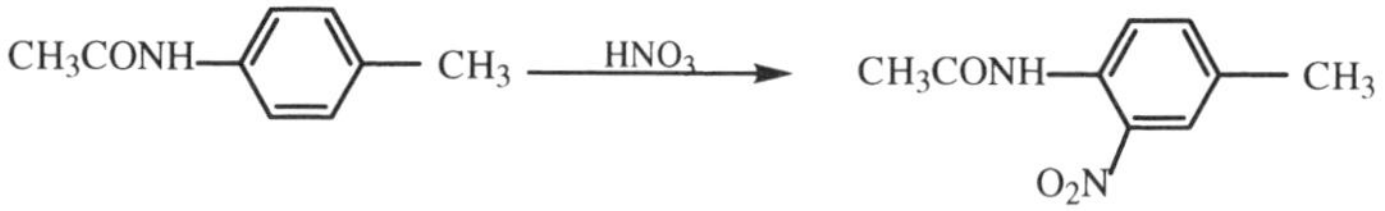 CH₃CONH–C₆H₄–CH₃ →(HNO₃)→ CH₃CONH–C₆H₃(NO₂)–CH₃ (2-NO₂, 4-CH₃)

c) 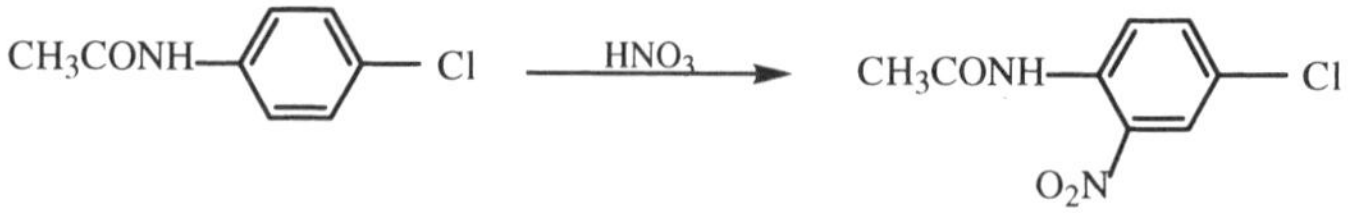 CH₃CONH–C₆H₄–Cl →(HNO₃)→ CH₃CONH–C₆H₃(NO₂)–Cl

d) 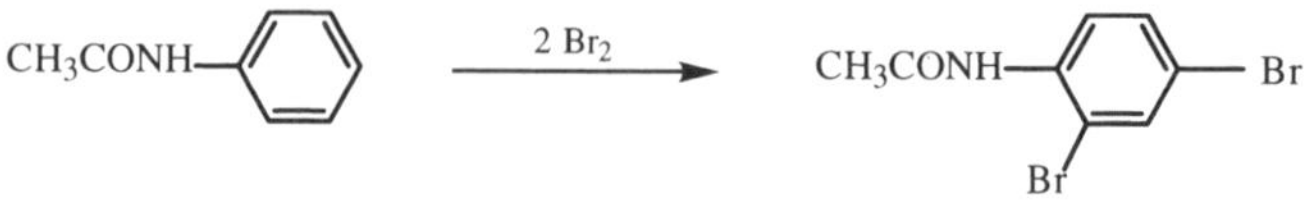 CH₃CONH–C₆H₅ →(2 Br₂)→ CH₃CONH–C₆H₃(Br)(Br) (2,4-ジブロモ)

11.5 a)
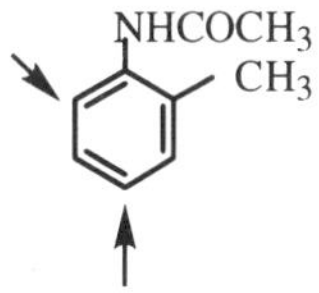
b)
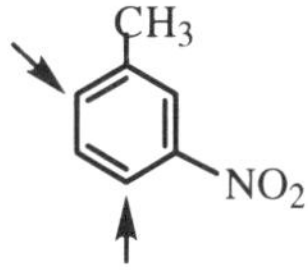
c)
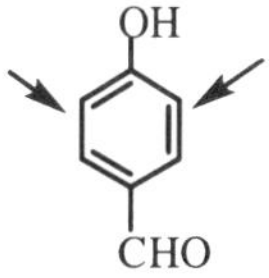
d)
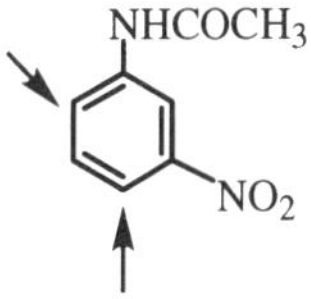
e)
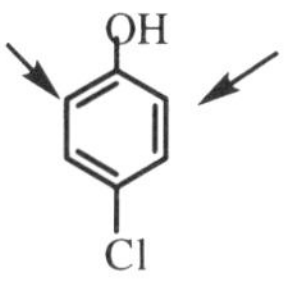
f)
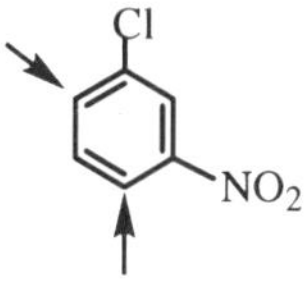
g)
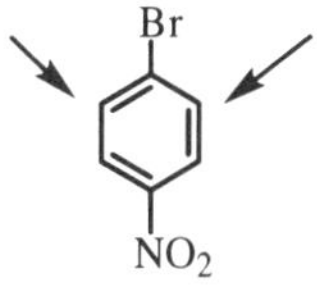
h)
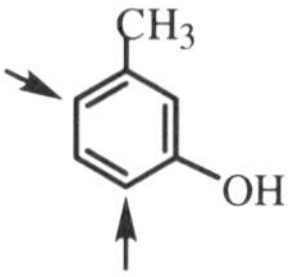

第12章

問題12.1
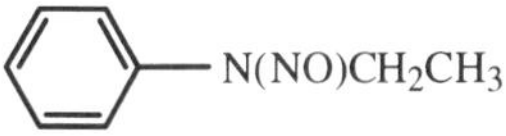

問題12.2
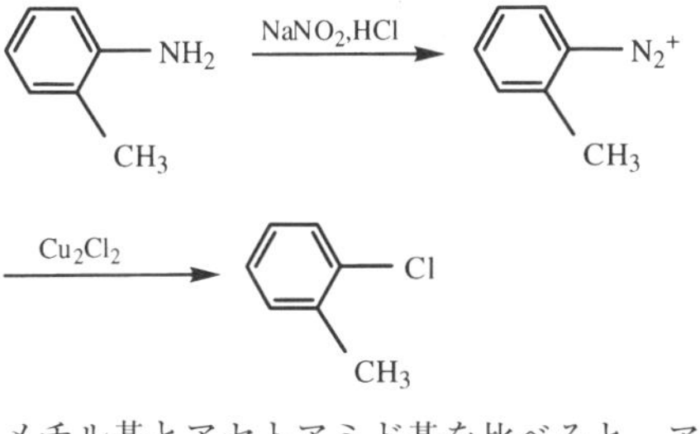

問題12.3　メチル基とアセトアミド基を比べると，アセトアミド基のオルト・パラ配向性の方が強いから．

問題12.4
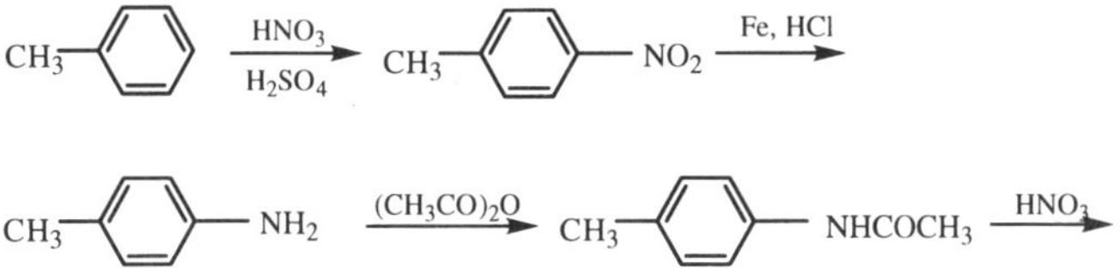

問題の略解

CH_3-C$_6$H$_3$(NO$_2$)-NHCOCH$_3$ $\xrightarrow{HCl(H_2O)}$ CH_3-C$_6$H$_3$(NO$_2$)-NH$_2$

$\xrightarrow[2. H_3PO_2]{1. NaNO_2, HCl}$ CH_3-C$_6$H$_4$-NO$_2$ $\xrightarrow{Fe, HCl}$ CH_3-C$_6$H$_4$-NH$_2$

$\xrightarrow{NaNO_2, HCl}$ CH_3-C$_6$H$_4$-N$_2^+$ $\xrightarrow{KI}$ CH_3-C$_6$H$_4$-I

問題 12.5

C$_6$H$_6$ $\xrightarrow[H_2SO_4]{HNO_3}$ C$_6$H$_5$-NO$_2$ $\xrightarrow{Fe, HCl}$ C$_6$H$_5$-NH$_2$

$\xrightarrow{NaNO_2, HCl}$ C$_6$H$_5$-N$_2^+$ $\xrightarrow{Cu_2(CN)_2}$ C$_6$H$_5$-CN

$\longrightarrow$ C$_6$H$_5$-COOH $\xrightarrow{CH_3OH, H_2SO_4}$ C$_6$H$_5$-COOCH$_3$

$\xrightarrow{LiAlH_4}$ C$_6$H$_5$-CH$_2$OH

章末問題

12.1

a) 2-methyl-4-nitroso-N,N-dimethylaniline [$N(CH_3)_2$, CH_3, NO]

b) 3-chloro-N-methyl-N-nitrosoaniline [$N(NO)CH_3$, Cl]

c) 4-chlorobenzenediazonium [N_2^+, Cl]

d) 4-methylbenzenediazonium [N_2^+, CH_3]

e) 3,5-dichloro-N-methyl-N-nitrosoaniline [$N(NO)CH_3$, Cl, Cl]

f) 4-methoxybenzenediazonium [N_2^+, OCH_3]

g) 2-methylbenzenediazonium [N_2^+, CH_3]

h) 3-chloro-5-methylbenzenediazonium [N_2^+, CH_3, Cl]

i) 2-methoxy-4-nitroso-N,N-dimethylaniline [$N(CH_3)_2$, CH_3O, NO]

12.2 a) C$_6$H$_5$CH$_3$ $\xrightarrow{\text{HNO}_3/\text{H}_2\text{SO}_4}$ CH$_3$-C$_6$H$_4$-NO$_2$ (p) $\xrightarrow{\text{Fe, HCl}}$ CH$_3$-C$_6$H$_4$-NH$_2$ (p) $\xrightarrow{\text{NaNO}_2, \text{HCl}}$ CH$_3$-C$_6$H$_4$-N$_2^+$ $\xrightarrow{\text{Cu}_2(\text{CN})_2}$ CH$_3$-C$_6$H$_4$-CN

b) C$_6$H$_6$ $\xrightarrow{\text{HNO}_3/\text{H}_2\text{SO}_4}$ C$_6$H$_5$-NO$_2$ $\xrightarrow{\text{Fe, Cl}_2}$ 3-Cl-C$_6$H$_4$-NO$_2$ $\xrightarrow{\text{Fe, HCl}}$ 3-Cl-C$_6$H$_4$-NH$_2$

c) b) の最後まで同じ

3-Cl-C$_6$H$_4$-NH$_2$ $\xrightarrow{\text{NaNO}_2,\text{HCl}}$ 3-Cl-C$_6$H$_4$-N$_2^+$ $\xrightarrow{\text{Cu}_2\text{Br}_2}$ 3-Cl-C$_6$H$_4$-Br

d) CH$_3$-C$_6$H$_4$-N$_2^+$ まではa)と同じ。ただし、ジアゾ化には塩酸でなく硫酸を使う。

CH$_3$-C$_6$H$_4$-N$_2^+$ $\xrightarrow{\text{H}_2\text{O, H}_2\text{SO}_4}$ CH$_3$-C$_6$H$_4$-OH $\xrightarrow[\text{2. CH}_3\text{I}]{\text{1. NaOH}}$ CH$_3$-C$_6$H$_4$-OCH$_3$

e) C$_6$H$_6$ $\xrightarrow{\text{H}_2\text{SO}_4(\text{SO}_3)}$ C$_6$H$_5$-SO$_3$H $\xrightarrow{\text{KOH, 200 °C}}$ C$_6$H$_5$-OH $\xrightarrow{\text{H}_2\text{SO}_4}$ HOSO$_2$-C$_6$H$_4$-OH $\xrightarrow{\text{Br}_2}$ HOSO$_2$-C$_6$H$_3$(Br)-OH $\xrightarrow{\text{H}_2\text{SO}_4, \text{H}_2\text{O}}$ 2-Br-C$_6$H$_4$-OH

f)

$\text{C}_6\text{H}_5\text{—OH}$ まではe)と同じ。

$\text{C}_6\text{H}_5\text{—OH}$ $\xrightarrow[\text{2. CH}_3\text{I}]{\text{1. NaOH}}$ $\text{C}_6\text{H}_5\text{—OCH}_3$ $\xrightarrow{\text{HNO}_3, \text{H}_2\text{SO}_4}$

$\text{O}_2\text{N—C}_6\text{H}_4\text{—OCH}_3$ $\xrightarrow{\text{Fe, HCl}}$ $\text{H}_2\text{N—C}_6\text{H}_4\text{—OCH}_3$

12.3

a)

[CH$_3$-C$_6$H$_4$-NHCOCH$_3$] $\xrightarrow{\text{HNO}_3}$ [CH$_3$, NO$_2$, NHCOCH$_3$ 置換のベンゼン] $\xrightarrow{\text{H}_2\text{O, HCl}}$ [CH$_3$, NO$_2$, NH$_2$ 置換のベンゼン] $\xrightarrow[\text{2. H}_3\text{PO}_2]{\text{1. NaNO}_2, \text{HCl}}$

[m-CH$_3$-C$_6$H$_4$-NO$_2$] $\xrightarrow{\text{Fe, HCl}}$ [m-CH$_3$-C$_6$H$_4$-NH$_2$] $\xrightarrow[\text{2. Cu}_2(\text{CN})_2]{\text{1. NaNO}_2, \text{HCl}}$ [m-CH$_3$-C$_6$H$_4$-CN]

b)

[m-CH$_3$-C$_6$H$_4$-NH$_2$] まではa)と同じ [m-CH$_3$-C$_6$H$_4$-NH$_2$] $\xrightarrow[\text{2. Cu}_2\text{Cl}_2]{\text{1. NaNO}_2, \text{HCl}}$ [m-CH$_3$-C$_6$H$_4$-Cl]

c)

[CH$_3$, NO$_2$, NH$_2$ 置換のベンゼン] まではa)と同じ [同上] $\xrightarrow[\text{2. KI}]{\text{1. NaNO}_2, \text{HCl}}$ [CH$_3$, NO$_2$, I 置換のベンゼン]

d)

[C$_6$H$_5$-NHCOCH$_3$] $\xrightarrow{\text{HNO}_3}$ [p-O$_2$N-C$_6$H$_4$-NHCOCH$_3$] $\xrightarrow{\text{H}_2\text{O, HCl}}$ [p-O$_2$N-C$_6$H$_4$-NH$_2$] $\xrightarrow[\text{2. H}_2\text{O, H}_2\text{SO}_4]{\text{1. NaNO}_2, \text{H}_2\text{SO}_4}$ [p-O$_2$N-C$_6$H$_4$-OH]

$\xrightarrow{\text{Fe, HCl}}$ [p-H$_2$N-C$_6$H$_4$-OH] $\xrightarrow{(\text{CH}_3\text{CO})_2\text{O}}$ [p-HO-C$_6$H$_4$-NHCOCH$_3$] $\xrightarrow[\text{2. CH}_3\text{I}]{\text{1. NaOH}}$ [p-CH$_3$O-C$_6$H$_4$-NHCOCH$_3$]

e) 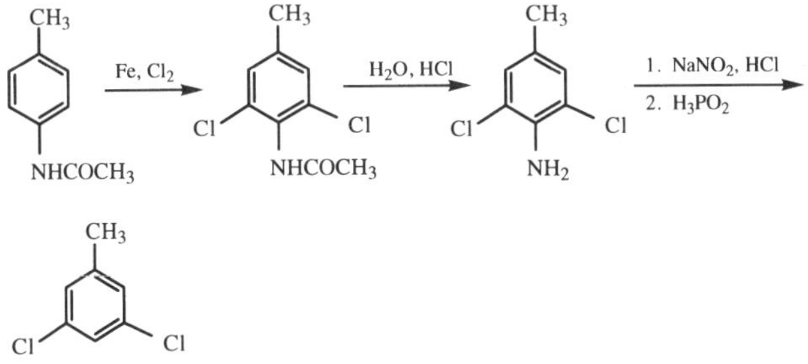

f) 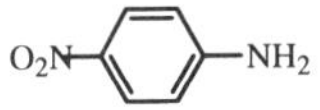 まではd)と同じ

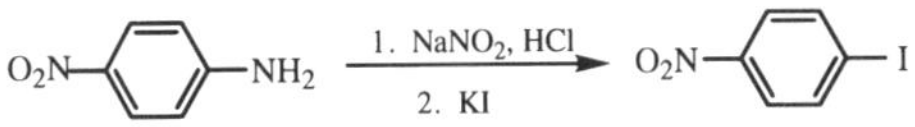

12.4

a) 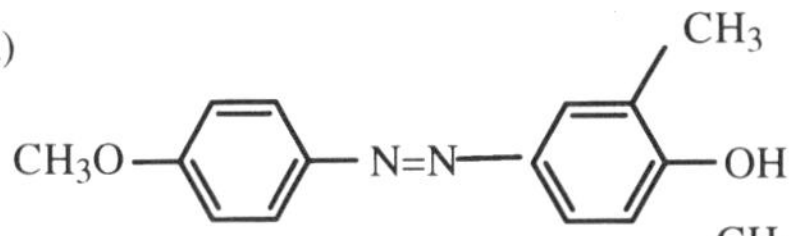

b) 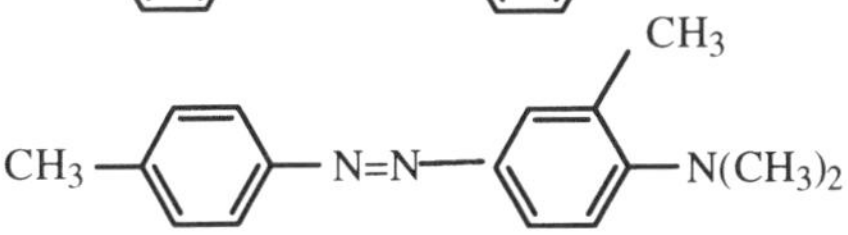

c) 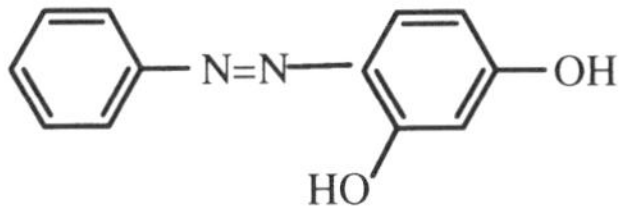

12.5 次に示すアミンをジアゾ化して，アルカリ性にしたフェノール溶液またはジメチルアニリンの誘導体と反応させる．

a) 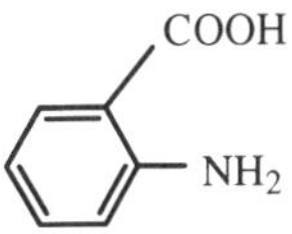 と 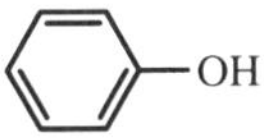

b) 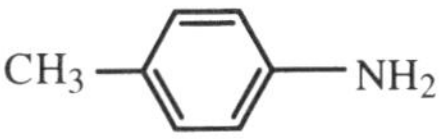 と 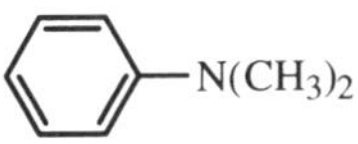

c) 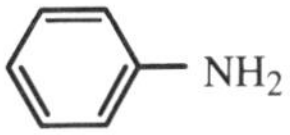 と 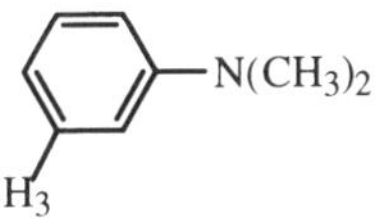

索　引

ア　行

亜硝酸
　　アニリンとの反応　165
　　アミンとの反応　91
アシル化　106
アシル基　106
アセタール　72
アセチル　69
アセチル化　106
アセトアニリド　161
アセトアルデヒド　67
アセトフェノン　138, 151
アセトン　68
アゾ化合物　171
アゾ染料　172
アニリン　150, 156, 160, 165
　　亜硝酸との反応　165
　　塩基性　161
アミノ基　156
　　——をシアノ基へ置換する反応　169
　　——を水素に変える反応　168
　　——をハロゲンに変える反応　167
　　——をヒドロキシル基に変える反応　170
2-アミノプロパン酸　116
アミン　84
　　亜硝酸との反応　91
　　カルボニル化合物との反応　89
　　命名　85
アラニン　116

L-アラニン　118
アルカノイル　97
アルカノール　27
アルカン　24
　　異性体　29
　　反応　33
アルカンアミン　85
N-アルキルアルカンアミン　85
アルキルオキシ基　29
アルキル基　81
アルキン　48
アルケン　40, 59
　　異性体　128
　　反応　44
　　命名　40
アルコール　10, 27, 75
　　異性体　31
　　金属との反応　14
　　酸化　17
　　酸との反応　14
　　ハロゲン化　16
　　——付加　72
アルコキシ　29
アルデヒド　18, 67, 76
　　還元性　76
アルドール縮合　79
R配置　117
α（アルファ）炭素　107
安息香酸　142, 151

E　130
硫黄の元素分析　8
イオン反応　55
いす形配座　126

異性体　23, 28, 42
　　アルカンの——　29
　　アルケンの——　128
　　アルコールの——　31
　　エーテルの——　31
　　——の書き方　29
イソプロピル　28
イソプロピルアルコール　28
一置換ベンゼン　150
一般式　81

ウィリアムソンのエーテル合成　57, 160
ウルツの反応　63

エーテル　19, 20, 29, 55
　　異性体　31
　　慣用名　29
　　反応　20
ap　126
sc　126
エステル　74, 97, 104, 106
　　金属水素化物との反応　101
　　合成　104
　　水酸化ナトリウムとの反応　102
S配置　117
エタナール　68
エタノール　1, 3, 6, 16, 27, 55, 168
エタン　24, 123
エタンアミド　98
エタン酸　18, 94
エタン酸エチル　97
エタンニトリル　103, 104

エチルアルコール 28
エチレン 16, 44
エチン 48
　　ナトリウムアミドとの反応 51
　　付加反応 50
エテン 16
エトキシエタン 29
エナンチオマー 116, 126
エノール 67, 77
塩化アセチル 97
塩化エタノイル 97
塩化水素 15
　　——付加 47, 71
塩化チオニル 16
塩化ビニル 54
塩化t-ブチル 58
塩基性 86
　　アニリンの—— 161
　　アミンの—— 86
　　——の強さ 87
塩素化 78

オキシム 90
オクタン 24, 33
オルト位 152
オルト・パラ配向性 153
オレフィン 44

カ 行

解離反応 96
化学結合 5
化学平衡 87, 99
　　——の移動 100
可逆反応 71, 87, 99
重なり形 125
ガス 34
加水分解 99
ガソリン 34, 46
カニッツァロの反応 80
価標 5
カルボキシル基 93
カルボニル化合物 69
　　アミンとの反応 89
　　アルファ炭素上に起こる反応 77
　　金属水素化物との反応 73
　　グリニャール試薬との反応 74
　　シアン化水素付加 70
　　水素付加 73
　　反応 69
　　付加反応 70
カルボニル基 153
カルボン酸 18, 76, 93
　　グリニャール試薬との反応 96
　　——誘導体 102
　　——誘導体の反応性の比較 106
カーン-インゴールド-プレログ規則 116
還元 17, 73
環状アルカン 37
環状化合物の立体配座 126
官能基 20, 81
慣用名 28
　　アルケンの—— 44
　　アルコールの—— 28
　　アルデヒドの—— 67
　　エーテルの—— 29
　　カルボン酸の—— 93
　　ケトンの—— 68
　　芳香族化合物の—— 150

基 17, 25
ギ酸 94
共役 147
共鳴 147
共鳴安定化 147
共鳴限界構造式 146
共鳴混成体 146
共鳴理論 146
共有結合 5
極性 56
キラル中心 115
　　——が2つある化合物 121
金属水素化物 73
　　エステルとの反応 101
　　カルボニル化合物との反応 73
クライゼン縮合 108
グリセロール 144
グリニャール試薬 61, 156
　　アルデヒドとの反応 75
　　エステルとの反応 99
　　エチンとの反応 63
　　二酸化炭素との反応 94
　　水との反応 62
　　——付加 74
クロトン縮合 80
クロロエテン 54, 60
クロロヒドリン 71
クロロベンゼン 156, 167
クロロメタン 35
2-クロロ-2-メチルプロパン 58

軽油 34
ケクレ構造 136
ケトン 19, 68
限界構造式 146
原子最少移動の法則 20
原子の電気陰性度 56
原子量 8
元素分析 1, 2
　　硫黄の—— 8
　　炭素・水素の—— 1
　　ハロゲンの—— 7
原油 34, 46

光学異性体 113, 130
光学活性 114
構造 1, 4
構造式 6
　　——の表し方 11
　　——の書き方のさらなる簡略化 15
　　——の簡略化 11
高分子 63
五塩化リン 16
互変異性 50
混酸 151
混融試験 90

サ 行

酢酸 18, 94
酢酸エチル 97
鎖状化合物の立体配座 123
酸アミド 98, 102, 105, 106
3員環 39
酸塩化物 97, 106
三塩化リン 16
酸化 17, 76
　　アルコールの―― 17
　　アルデヒドの―― 76
　　トルエンの―― 142
酸化剤 17
三重結合 49
　付加反応 50
酸無水物 105, 106
残留油 34

ジ 26
C. I. P. 規則 116, 130
ジアステレオマー 121, 129
ジアゾ化 166
ジアゾカップリング 171
ジアゾニウムイオン
　還元 168
　反応 166
　N, N-ジメチルアニリンとの
　　反応 171
　フェノールとの反応 171
シアノ基 103, 153
シアノヒドリン 70
次亜リン酸 168
N, N-ジアルキルアルカンアミ
　ン 86
シアン化 57
シアン化水素付加 70
N, N-ジエチルエタンアミド
　98
ジエチルエーテル 19, 20, 29
シクロアルカン 38
　　――とアルケン 42
シクロブタン 38
シクロプロパン 38
1, 3, 5-シクロヘキサトリエン
　143
シクロヘキサン 38
　――の塩素化 39
　――の反転 127
シクロヘキセンの水素化 143
シクロペンタン 38
ジクロロメタン 35
指示薬 172
実験式 3
実験の誤差 7
1, 2-ジハロアルカン 62
脂肪 144
脂肪族 144
N, N-ジメチルアニリン 165
4-ジメチルアミノアゾベンゼ
　ン 172
ジメチルアミン 84
ジメチルエーテル 29
1, 2-ジメチルシクロプロパン
　130
1, 2-ジメチルシクロヘキサン
　131
臭化エチルマグネシウム 61
臭化水素酸 15
重合 63
重合体 63
重水素化 139
臭素置換 77
収量 89
縮合 79, 97
主鎖 25
酒石酸 122
潤滑油 34
触媒 16

水素化 143
水素化アルミニウムリチウム
　101
水素化熱 143
水素結合 95
水素付加 45, 73
水和物 70
スルホン化 139

正四面体構造 113
セイチェフの法則 61
石油 34
石油精製 34, 46
絶対配置 118
Z 130
旋光性 114

増炭 75

タ 行

第1級アミン 84, 88, 90, 91
第1級アルコール 13, 76, 101
第2級アミン 84, 89, 91
第2級アルコール 13, 76, 101
第3級アミン 84, 89, 91
第3級アルコール 13, 76, 101
第3級ハロゲン化合物 58
脱水 16
脱ハロゲン化 61
脱ハロゲン化水素 59
脱離反応 59, 60
炭化水素 23
　――の基 25
単結合 40
炭素・水素の元素分析 1
炭素・炭素二重結合の立体異性
　128

チーグラー–ナッタの触媒 63
置換 59
置換基 25
置換反応 35, 55, 77, 97, 138
置換ベンゼン 150
窒素の元素分析 6

定性試験 44, 77
デカン 24
テトラクロロメタン 35
テトラヒドロホウ酸ナトリウム
　73
デューテロベンゼン 140
電荷の保存 141
電気陰性度 56

同位体 98
灯油 34
トランス 129, 130
トリ 26
トリクロロメタン 35
2, 4, 6-トリニトロフェノール 158
トリブロモメタン 78
トリメチルアミン 84
トルエン 137, 142, 150
トレオニン 121
トレンスの試薬 76

ナ 行

ナトリウムエトキシド 55

二重結合 40, 66
　——への付加反応 44
二置換環状化合物の立体異性 128
二置換ベンゼン 161
ニトリル 103, 106, 169
ニトロ化 138, 151
ニトロ基 153
3-ニトロトルエン 168
4-ニトロトルエン 154
ニトロニウムイオン 140
ニトロベンゼン 151, 156
乳酸 113
ニューマンの投影式 124

ねじれ形 125
燃焼熱 33

濃塩酸 15
ノナン 24

ハ 行

配座 124
配置 111
バターイエロー 172
発熱 33
バニラ 144
パラ位 152
パラフィン 33

バラ油 144
ハロアルカン 54
ハロゲン
　元素分析 7
　——付加 44
ハロゲン化 138
ハロゲン化合物
　水酸化ナトリウムとの反応 55
　有機ハロゲン化合物との反応 57
ハロゲン化水素酸 15
ハロホルム反応 78
反応
　アニリンの—— 165
　アミンの—— 87
　アルカンの—— 33
　アルケンの—— 44
　アルコールの—— 14
　一置換ベンゼンの—— 151
　エステルの—— 99
　エーテルの—— 20
　カルボニル化合物の—— 69
　カルボニル炭素の隣で起こる—— 77, 107
　カルボン酸の—— 97
　ジアゾニウムイオンの—— 166
　ベンゼンの—— 137
　有機ハロゲン化合物の—— 55
反応機構 78
反応性 151
反応中間体 139

ピクリン酸 158
ヒドラジン 89
ヒドラゾン 90
ヒドロキシ 27
2-ヒドロキシプロパン酸 113
ヒドロキシルアミン 89
ヒドロキシル基 17
フィッシャー投影 118
　絶対配置との関係 119

フェーリング液 77
フェニル 137
フェノール 150, 170
　——の酸性 158
　反応性 159
付加
　塩化水素の—— 47, 50, 71
　カルボニル基への—— 70
　三重結合への—— 50
　水素の—— 45, 73
　二重結合への—— 44
　水の—— 47, 50, 70
付加反応 45, 77, 79
不均化 80
不斉炭素原子 115
ブタン 24, 125
t-ブチルアルコール 28, 59
沸点 31, 95
2-ブテン 129
cis-2-ブテン 144
$trans$-2-ブテン 145
舟形配座 127
不飽和化合物 45
不飽和結合 45, 50
不飽和度 49, 67
フリーデル-クラフツの反応 138
プロトン 86, 96
プロパノン 68
プロパン 24, 123
プロピレン 44
ブロモエタン 61
ブロモベンゼン 167
分子式 4
分子の極性 56
分子量 8
分子量測定 4

平面構造 128
ヘキサン 24
ヘプタン 24
ヘミアセタール 72
偏光 114
ベンジルアルコール 151
ベンズアルデヒド 150

索引

ベンゼノニウムイオン 140
ベンゼン 135
　安定化エネルギー 147
　安定性 142
　——の反応 137
　——誘導体 150
　——誘導体の命名 136
ベンゼンカルボン酸 142
ベンゼンジアゾニウム塩 165
ベンゼンスルホン酸 157
ベンゾニトリル 151, 169
ペンタン 24

芳香族 144
　アミン 165
　エーテル 160
芳香族性 145
飽和化合物 45
保護基 72, 161
ボラン 73
ポリエチレン 63
ポリプロピレン 63
ポリマー 63
ホルムアルデヒド 67, 80

マ 行

マルコウニコフの法則 48

水付加 47, 50, 70

無水エタン酸 105
無水酢酸 105

命名

アミンの—— 85
アルカンの—— 23
アルケンの—— 40
アルコールの—— 27
アルデヒドの—— 68
エーテルの—— 29
カルボン酸の—— 93
環状化合物の—— 38
ケトンの—— 68
ハロゲン化合物の—— 53
芳香族化合物の—— 150
命名法 23
メソ形 122, 130
メタ位 152
メタナール 68, 80
メタ配向性 153
メタン 24, 123
　塩素との反応 35
メタン酸 94
4-メチルアセトアニリド 168
メチルアミン 84, 88
メチルアルコール 28
メチルフェニルエーテル 160
4-メチルフェノール 162
2-メチル-2-プロパノール 59
メチルベンゼン 137, 142
メトキシメタン 29

モル 8

ヤ 行

有機化合物の特徴 12
有機金属化合物 64

有機酸 96
有機ハロゲン化合物 53
　アミンとの反応 87
　金属との反応 61
　命名 53
有機リチウム化合物 63
誘導体 27

ヨウ化水素 14, 20
ヨウ化水素酸 15
ヨウ化メチルアンモニウム 88
ヨウ素化 78
ヨードベンゼン 137, 167
ヨードホルム 78
ヨードメタン 55

ラ 行

ラジカル反応 35

立体異性体 116
　アルケンの—— 129
　光学異性体 113
　二置換環状化合物の—— 131
　配座 124
　メソ形 122
立体化学 116, 129
立体障害 153
立体配座
　鎖状化合物の—— 123
　シクロヘキサンの—— 126

ルシャトリエの法則 100

著者略歴

大 木 道 則
（おお き みちのり）

1928年　兵庫県に生まれる
1950年　東京大学理学部化学科卒業
1962年　東京大学教授
現　在　岡山理科大学客員教授
　　　　理学博士
主な著書　『立体化学』（東京化学同人）
　　　　　『化学大辞典』（東京化学同人）（編集）
　　　　　『化学データブック』（培風館）（編集）

ベーシック化学シリーズ2

入門有機化学　　　　定価はカバーに表示

2001年9月20日初版第1刷

著　者　大　木　道　則
発行者　朝　倉　邦　造
発行所　株式会社　朝　倉　書　店

東京都新宿区新小川町6-29
郵便番号　１６２-８７０７
電　話　03(3260)0141
ＦＡＸ　03(3260)0180
http://www.asakura.co.jp

〈検印省略〉

Ⓒ 2001〈無断複写・転載を禁ず〉　　シナノ・渡辺製本

ISBN 4-254-14622-1　C 3343　　Printed in Japan

◆ ベーシック化学 ◆

大木道則 編集

前東大 大木道則著
ベーシック化学 2
入門 有 機 化 学
14622-1 C3343　　A 5 判 224頁 本体2900円

思考の順序をわかりやすく丁寧に説明し、それを確かめるために随所に例題を配し、多数の問題の略解と例解によって有機化学の基礎が自然に身に付くように工夫した。学習に必要な概念や用語の多くは囲み記事として整理し、理解を助ける

前北大 松永義夫著
ベーシック化学 3
入門 化 学 熱 力 学
14623-X C3343　　A 5 判 168頁 本体2700円

高校化学とのつながりに注意を払い、高校教科書での扱いに触れてから大学で学ぶ内容を述べる。反応を中心とする化学の問題に熱力学をどのように結びつけ、どのように活用するかを簡潔明快に説明する。必要な数学は付録で解説

前大阪市立大 西本吉助著
ベーシック化学 4
入門 量 子 化 学
14624-8 C3343　　A 5 判 150頁　　〔近　刊〕

高校化学の古典的化学結合論から大学で学ぶ量子化学的化学結合論への橋渡しを重視した初学者向け教科書。数学的なことはなるべく避けて、量子化学の基礎概念や原理が十分理解できるように丁寧に説明する。理解に役立つ例問と問題を付す

D.M. コンシディーヌ編
前東工大 今井淑夫・東工大 中井　武・東工大 小川浩平・
東工大 小尾欣一・東工大 柿沼勝己・東工大 脇原将孝監訳

化 学 大 百 科

14045-2 C3543　　B 5 判 1072頁 本体58000円

化学およびその関連分野から基本的かつ重要な化学用語約1300を選び、アメリカ、イギリス、カナダなどの著名化学者により、化学物質の構造、物性、合成法や、歴史、用途など、解りやすく、詳細に解説した五十音配列の事典。Encyclopedia of Chemistry (第 4 版, Van Nostrand社) の翻訳。〔収録分野〕有機化学／無機化学／物理化学／分析化学／電気化学／触媒化学／材料化学／高分子化学／化学工学／医薬品化学／環境化学／鉱物学／バイオテクノロジー／他

くらしき作陽大 馬淵久夫編

元 素 の 事 典

14044-4 C3543　　A 5 判 324頁 本体7000円

水素からアクチノイドまでの各元素を原子番号順に配列し、その各々につき起源・存在・性質・利用を平易に詳述。特に利用では身近な知識から最新の知識までを網羅。「一家庭に一冊、一図書館に三冊」の常備事典。〔特色〕元素名は日・英・独・仏に、今後の学術交流の動向を考慮してロシア語・中国語を加えた。すべての元素に、最新の同位体表と元素の数値的属性をまとめたデータ・ノートを付す。多くの元素にトピックス・コラムを設け、社会的・文化的・学問的な話題を供する

前学習院大 髙本　進・前東大 稲本直樹・
前立教大 中原勝儼・前電通大 山崎　昶編

化 合 物 の 辞 典

14043-6 C3543　　B 5 判 1008頁 本体55000円

工業製品のみならず身のまわりの製品も含めて私達は無機、有機の化合物の世界の中で生活しているといってもよい。そのような状況下で化学を専門としていない人が化合物の知識を必要とするケースも増大している。また研究者でも研究領域が異なると化合物名は知っていてもその物性,用途、毒性等までは知らないという例も多い。本書はそれらの要望に応えるために、無機化合物、有機化合物、さらに有機試薬を含めて約8000化合物を最新データをもとに詳細に解説した総合辞典

上記価格（税別）は 2001 年 8 月現在